2019 年度浙江省哲学社会科学规划课题
"龙泉青瓷传承人口述研究"（19NDJC091YB）成果

造青守

徐　徐　编著
陈文正

浙江古籍出版社

图书在版编目（CIP）数据

造青守"忆"/徐徐，陈文正编著．－－杭州：浙江古籍出版社，2023.3

ISBN 978-7-5540-2526-0

Ⅰ．①造… Ⅱ．①徐… ②陈… Ⅲ．①龙泉窑—青瓷（考古）—生产工艺 Ⅳ．① TQ174.72

中国国家版本馆 CIP 数据核字 (2023) 第 039926 号

造青守"忆"

徐　徐　　陈文正　编著

出版发行　浙江古籍出版社
（杭州体育场路 347 号　电话：0571-85068292）

网　　址　https://zjgj.zjcbcm.com
责任编辑　徐晓玲
文字编辑　林若子
责任校对　吴颖胤
责任印务　楼浩凯
照　　排　杭州立飞图文制作有限公司
印　　刷　浙江海虹彩色印务有限公司
开　　本　880mm × 1230mm　1/32
印　　张　7.75
字　　数　187.5 千字
版　　次　2023 年 3 月第 1 版
印　　次　2023 年 3 月第 1 次印刷
书　　号　ISBN 978-7-5540-2526-0
定　　价　58.00 元

目录

晚得青瓷趣　书镌碧玉天

——50后学院派青瓷大师张建平

由来国器崇文化　自好家珍守艺传

——70后家族传承匠心"守艺人"李震

瓷艺匠心承古艺　履职为民显初心
——80后新生代青瓷技艺传承人王武

序

几年前，出于对龙泉青瓷的钟爱，我编过一本《文化青瓷创艺》。由于交稿仓促，大有意犹未尽之感。"青，东方色也。"青瓷是简单的，也是复杂的。简单在于她是基本的人造物，复杂在于她抽象地与文明的基本需求紧密相联，成为全人类共有的世界艺术语言和文明符号，不仅是中华民族精神气质的表现，更成为世界文化交融、文明互鉴和人类美好未来的纽带和象征。一个时代的画卷，底色是人心；一个民族的复兴，关键在精神。瓷国明珠的身后，是历史的风景、文化的坐标、心灵的风采、天人的精神合唱、不息的生命传承……所有的一切，都令人无限神往。

古语有云："天有时，地有气，材有美，工有巧，合此四者，然后可以为良。"象天法地，文质彬彬，天人合一。持一点诗情，秉一份初心，万千繁华里，群山如墨中，明月春水间。"瓯江两岸，瓷窑林立，烟火相望，江上运瓷船舶往来如织。"这里奇山秀水、天下独绝，这里千岩竞秀、万壑争流，这里在棹声帆影中流出了最早的山水诗，这里众多的窑址遗迹为世人提供发怀古幽情之缘由，这里在葱茏草木间将"义利并举""知行合一"的思想延续千年。这抹从浙西南的"深

1

山黛珠"中走出来的天青色,走过繁花似锦,也曾陷落低谷。"龙泉山,瓯江源,八百里,到温州;溪沿边,做青瓷,西街头,打宝剑。一山一水龙泉人,一带一路连世界。"当稚嫩的童谣《瓯江源》被反复地吟唱,在"非遗"的语境里,我们踏着瓯江两岸先祖留下的遗迹,翻检着种种文明的碎片,沿着历史的足迹一路遍寻那些青瓷作坊,一路追踪匠人们的神奇世界。农耕文明、江南秘境,人们在这里劳作耕耘、化蛹为蝶,在这里回归自然、接轨未来,延续传统、融合现代。在此处山川之间,人类正寻找共同富裕的密码,撰写新时代更壮丽的诗篇。

"磨难和坎坷是我一生最大财富",指尖与陶土进行了亿万次摩擦,10个手指头竟按不出一个指纹。在这里,心与手的距离被消解了。"以神遇而不以目视",朴素恬淡,运斤成风;"以相望保持虚静",寂真诗性,用志不分。站在龙泉青瓷烧制技艺国家级代表性传承人徐朝兴的作品前,那种素朴淡雅的梅子青,会让人瞬间忘掉形态,直接融入"清澈如秋空,宁静似深海"的意境中。

"宋代龙泉青瓷每一个碎片,至今仍令我们为它的美感所倾倒。"李氏归来,以古为师、以物为师、以心为师,一个守艺人的耳边回响着复兴的声音;青碧如水、制器尚象,一个青瓷家族以"百年窑火"的沉浮,传承与坚守着瓷器之国的"千年薪火"。李生和瓷业第五代传人李震只比我年长几岁,但他对古时的技艺却有一份执念。沉浸在他收藏的宋元瓷片中,能真切感受到那个惊艳的年代、辉煌的高峰。

"生活是一切创作之源。家乡、山水还有人生的际遇给予你无穷的灵感,唯基于生活的真诚创作才真实在意、真切动人。"学院派大师张建平以诗、书、画入瓷,艺行与一代人、几代人的命运之思历史地结合在一起。在"意"的命题中发掘由欲念功用、主体理性之美到诗意栖居之美的复归，由青瓷文化到文化青瓷，传承发展审美智慧的荟萃与积淀。他热爱书法，书法与青瓷都让他感觉"施施然、怡怡然"，或许正因为如此，他的作品才有了旁人无法效仿的沉实与超然。

"对于龙泉青瓷，我们每一代手工艺人都是充满着信心的。"80后新生代传承人王武的目光温和而又坚定。他用行动证明，在这抹天青色的背后，是"师古不囿古"的守正创新，是一代又一代龙泉青瓷人前赴后继的使命传承。

"江山留胜迹，我辈复登临。"感人的故事值得娓娓讲述，内在的规律需要深入探寻，取得更大成果的信心和勇气必须始终满满。这是一个飞扬激情的岁月，这是一个充满希望的时代。天高地厚，征途修远。不忘初心，守正创新。沿着绿水青山，我们满怀信心地走在通往社会主义文化新辉煌的宽广大道上。

巧剜明月染春水　一世造青传古今

——40后国家级非物质文化遗产代表性传承人徐朝兴

采访对象　徐朝兴、徐凌、竺聪林（竺娜亚弟弟）

采 访 组　徐徐、陈文正

采访时间　2020年10月3日　2021年7月15日　2021年12月10日

采访地点　龙泉青瓷朝兴苑

大师简介

　　徐朝兴，1943年生于浙江龙泉。中国工艺美术大师，国家级非遗龙泉青瓷烧制技艺代表性传承人。全国政协文史馆工艺美术研究院副院长、中国知识产权文化大使、中国陶瓷行业协会副理事长、浙江省青瓷行业协会会长、浙江省文史馆馆员、中国艺术研究院硕士生导师、中国工艺美术学会高级会员、中国工业设计协会会员、浙江省青瓷行业协会会长。1982年，作品《52厘米迎宾大挂盘》获第二届全国陶瓷艺术设计创新评比一等奖、艺术瓷总分第一名，被誉为当代"国宝"，收藏在北京中南海紫光阁。

徐凌，1973年10月生于龙泉。浙江省工艺美术大师，高级工艺美术师。

2002年，作品《秋韵》获第七届全国陶瓷艺术设计创新评比金奖，并被收藏于北京中南海紫光阁。

2003年，作品《夕阳》获第一届中国陶瓷艺术展金奖；《旋》获第六届中国工艺美术大师作品暨工艺美术精品博览会金奖；《日·月》获"天工艺苑·百花杯"中国工艺美术精品奖金奖；《海的呼吸》获第九届全国陶瓷艺术设计创新评比金奖以及第三届"大地奖"陶瓷作品评比金奖。

2006年，被评为浙江省工艺美术师。

2011年，被评为"浙江省中青年十大名师"。

竺娜亚（徐朝兴儿媳），1976年生于余姚。浙江省工艺美术大师，高级工艺美术师。中国青瓷学院专任教师。1994年从事唐三彩壁画创作，1996年跟随中国工艺美术大师徐朝兴从事青瓷创作，2014年师从中国工艺美术大师关宝琮。曾参加2010年第六届中国当代青年陶艺家作品双年展、2011年美国国际陶瓷教育年会、2012年第七届中国当代青年陶艺家作品双年展、2013年土耳其国际陶瓷教育年会。《如意螭龙熏》《瓷鱼》《如云行水》等八件作品被中国工艺美术馆和浙江省博物馆收藏，多次获得国际、国内竞赛金奖。作品具有"新古典主义"的风格。

2005年,《热带》获第六届中国工艺美术大师作品暨工艺美术精品博览会金奖。

2006年,《青罐》获中国五大名窑展金奖;2008年7月参加中、日、韩三国大学文化交流,《涌泉》获第一届浙江省中青年青瓷创新评比金奖。

2010年,《香音》获第二届中国·浙江工艺美术精品博览会"天工艺苑杯"特等奖。

少年学艺　　勤奋耐劳

采访组:徐大师,您好,我们是省哲社规龙泉青瓷传承人口述史课题组的,我们知道您是青瓷业界的一代宗师,是浙江青瓷行业的领头羊,也是龙泉青瓷业界唯一列入第一批国家级非物质文化遗产项目的代表性传承人。我们课题组想从一个比较独特的角

徐朝兴

度，从传承人自身出发去观照整个龙泉青瓷的现代发展历史、行业业态及发展前景等等。口述史是史学研究里保存事件当事人经历及特殊社会记忆的重要手段。对龙泉青瓷从 1949 年前后上垟瓷厂的发展建设到 1958 年国家提出恢复五大名窑的指示，再到改革开放后市场经济化浪潮下青瓷产业迅猛发展这一独特历史阶段来说，尤其是对龙泉青瓷非遗传承人这一特殊群体来说，口述史史料的整理是十分重要和迫切的。您作为龙泉青瓷在近现代从极度衰落到复兴的重要亲历者、见证者，这一路走来，一定会有许许多多难忘的瞬间，譬如攻破青瓷仿古技术难关的苦苦思索、一日之间从普通工人到龙泉青瓷研究所所长的巨大压力和喜悦、获第二届全国陶瓷艺术设计创新评比一等奖的如释重负和欢欣鼓舞……徐大师，我们知道您在 13 岁辍学后就到龙泉的公私合营瓷厂当学徒了，一路艰难，走到了如今的地位，您能跟我们讲讲您小时候的经历，尤其是 13 岁之后在龙泉瓷厂的从业经历吗？

徐朝兴：好的，感谢你们课题组对整个龙泉青瓷行业及我本人的关注和关心。从传承人角度关注青瓷行业的历史和发展，角度新颖，我想这是可以为我们龙泉青瓷非物质文化遗产传承人这一群体保存好一份特殊记忆的。作为龙泉青瓷行业的一个老陶工，龙泉人民把荣誉、鲜花和掌声都给了我，所以我要尽自己的最大努力回报他们。曾经有一位《人民日报》的记者在采访的时候问过我，说您只上过六年小学，却连续当选两届全国人大代表，在艺术方面成为中国工艺美术大师，现在又是亚太大师，并让我用一句话来概括自己。当时，我讲了四个字，机遇、勤奋。

机遇，1957年国务院作出了恢复龙泉青瓷窑的指示，我被选入青瓷仿古小组，这是我的机遇。勤奋，一年365天，时间对每个人来说都是一样的，但是我比别人用得多一点儿，我一直是一分钟当作两分钟用的。

采访组：您能跟我们讲一讲您最怀念的是谁吗？

徐朝兴：其实这个问题有很多人都问过，在我心中，除了我最敬爱的几位国家领导人外，我最怀念的是把自己带入青瓷艺术殿堂的师傅李怀德。当然，还要感谢这个时代。

我出生时全国还没解放，我出生于1943年3月21日凌晨，我家就在当时的浙江省龙泉县城丁字街口"同福堂"药店。我从小就喜欢练字，很小的时候就天天写，我那时候还读《三字经》《百家姓》等蒙学读物，学习背诗诵文，记得我第一首会背诵的古诗就是骆宾王的《咏鹅》。我这一辈子接受系统教育的时间很少，比较幸运的是我从小就接受了传统文化和道德的熏陶。孩童时候打下的蒙学基础和书法基础，其实对我后面的从艺之路和健全人格的养成是有很大帮助的。

我12岁小学毕业。1949年上的小学一年级，1955年毕业，上了6年。当时不是我的成绩不好，而是家庭成分不好。那个时候，家庭成分不好就进不了中学校门。我的爷爷是个大地主，打土豪分田地的时候被判了刑、坐了牢。"土改"后我们家连一片瓦都没有了，我们是租房子住的。

我上面有姐姐、哥哥，我是老三，下面还有两个弟弟。我父亲在药店里有10块8毛钱的收入，靠这个养活我们7口人。那时，我在收获过的红薯地里刨过红薯，去地里面捡拾过麦穗，到河里面捞过白菜叶,可以说是吃了很多苦。1955年的时候,我的哥哥去当学徒了,是做蓝边碗。蓝边碗就是农家吃饭的那种碗。

1956年我13岁,想想那个时候,天下哪个父母愿意把自己家年纪这么小的小孩送去当学徒,但是没办法,家里穷,父亲工资养不活一家人,没饭吃,本该上学的年龄出来学艺也是无奈之举。出门前我父亲给了我家里的一条棉被、一张草席,连枕头都没有,还给了我7块钱。我和父亲走了十几个小时,大概有80多里山路的样子,脚底起了好多血泡,走到了龙泉县木岱村公私合营瓷厂。当时厂里面最大的领导就是工会主席,相当于现在的董事长。我来到办公室时,看到了一个领导模样的人,就是工会主席,当时他正伏在桌上写着什么,发现我呆呆地站在门口,突然转过脸来对我说:"怎么跑到办公室里来玩了,去,到外面玩去。"我当时回答说:"我叫徐朝兴,是来当学徒的。""小鬼,你这么小就要来当学徒?怎么不上学念书啊,回去念书吧,把书念好了再来。"我回答说:"因为我家经济困难,父母供不起我读书,所以出来拜师求艺,请您收下我吧!"工会主席刚开始不愿意收我,见我可怜,最终同意我可以先留在厂里。父亲将我托付给了厂里的哥哥,独自回家了。有一次也不知道怎么回事,我跑出去看到泥巴后就像模像样地玩了起来,厂里我哥的师傅还有另外一个师傅看到后,觉得这小鬼蛮机灵的,就向工会主席求情了。于是,厂里就破例正式收下了我这个当时身高不到一米三的小学徒。

第二天开始,我就在厂里学做蓝边碗。早上六点上班,下午四点下班,每天都是自己带干粮,当时我是所有人里个子最矮的一个,排队排在第一个、座位坐在第一排。那时候我们住在农民家里,下面垫几块砖头，上面铺块木板，就是我们晚上睡觉的地方。那是个老宅子，大门后面还有两口棺材，屋子里又没有电，晚上有时候会觉得很害怕。

当时我在厂里做的主要就是普通的粗瓷碗。那时的瓷厂还属于公私合营体制，计件报酬，没有固定工资，只要每天做出半成品碗来，经过验收就可以计算工钱。到了"大跃进"的时候，我记得很清楚，大家都放"卫星"。谁放的"卫星"最高，谁就能插红旗。我虽然才15岁，可我的"卫星"每天都在天上的，没人能破我的记录。我1958年时工资60多块钱一个月，比我哥哥拿的多得多。当年被评为劳模，那是干出来的。人家一年干360多天的活儿，我相当于干了500多天的活儿，然后被县里评为"社会主义建设积极分子"，戴上大红花，在县城大会堂接受了表彰。

1957年7月，国务院指示要恢复龙泉窑生产，轻工业部组织了很多陶瓷专家专程来龙泉实地考察，力图帮助我们恢复并发展龙泉青瓷的生产，那个时候我才知道青瓷艺术的博大精深。后来厂里的仿古小组成立，瓷厂在省内专家、优秀工人和民间艺人中选拔了5名老艺人、3名学徒，共8个人，我成了其中之一。那年我才15岁，是小组里年龄最小的。在仿古小组，领导指派我和一位姓周的师兄给李怀德师傅当学徒，其他人都是学3年，我学了5年。我现在还记得，我进仿古小组的第一天，所见桌上放的、架上摆的都是一些做工精细的仿古产品，许多都是手拉坯。对于只有3年做粗瓷活经验的我来说，一切都很陌生，必须从零开始虚心地学、认真地学。我第一次见到李师傅，他四十来岁，中等身材，四方脸，眉清目秀，着蓝色中山装。由于历史原因，他平时言语不多，但是在工作上、技术上一丝不苟，严格认真。当时师傅第一次让我干的活，是修一把木瓜壶口沿上面的一条棱线，修口部和底部还可以掌握，但是修口沿上的那条线，就难住了我。这是一条很规整的线条，要求修得粗细一致，我连修了好几次都没有把这根线条修好。我心里想，这不一般是师傅们干的活吗？李师傅怎么这样严？一开始就叫我做难度这么高的活。我跟李师傅说，木瓜壶口上这条线太难修了。李师傅说："朝兴，做仿古瓷不比粗瓷，你要沉下心来，心不能粗，只有心细了才能把活干好。心要静，选择了这个职业就要干到底。"听了师傅的这番话，我的心定下来了，开始一个一个认真修了起来。后来我从中悟出了一个道理，就是"心急吃不了热豆腐"，做任何事情都要认真心细。师傅这句话可以说影响了我一辈子。自那以后，我就把心沉下来，一个比一个修得好。那时候厂子里的条件很苦，碾磨、配料、拉坯、上釉、烧制，每道工序我都得先给师傅做下手，仔细揣摩，细心领会。就这样花了四五年时间，我基本掌握了做仿古青瓷的整套工序，包括拉坯、修花、烧成等。

我的师傅因为家庭出身的问题，在"文化大革命"的时候受到了很大冲击，寡言少语，只会在技术上简单讲一些，配方是不会给你多讲的，只能靠自己想。

采访组：徐大师，后来您那位姓周的师兄怎么样了？

徐朝兴：我的师兄比我年长五岁，我们两个是同一天拜在李师傅门下的。1960年自然灾害，生活比较艰苦，后来他就自己离厂去福建谋生了。他在那边讨了老婆、造了房子，自己还建了窑，那个时候他还给我们救济了一点呢。那时他生活条件是好一些，会给你10块、20块的，自己当老板了嘛。

我们师兄弟两个虽然不在一起，但直到他过世，都一直保持着很好的关系。回到龙泉时，他喜欢到我这里来，很随意。他还好喝一点酒，我不会喝，就说要喝你自己倒。他在 2017 年过世了，当时退休工资都没有，有点遗憾。

这中间，国家轻工业部的高级工程师李国桢，中央美院的梅建鹰，浙江美院的邓白，浙江省轻工业厅的劳法盛、叶宏明副总工程师等都曾先后来龙泉帮忙做仿古青瓷，当时我经常向他们请教问题，学习技术知识，知道了许多有关龙泉青瓷的奥妙。为了破解古代青瓷烧制工艺和技术的难题，省考古所的专家还对大窑、溪口那些古窑址进行了考古挖掘，采集古代青瓷残片、残器作为标本来研究。中国科学院上海硅酸盐化工研究所、轻工业部硅酸盐研究所等国家科研机构，对青瓷考古标本进行了细致的分析，研究古代青瓷胎、釉的原料成分和相关数据。

1959 年，新中国成立十周年，上级领导把人民大会堂用瓷的任务派给我们仿古小组，我们完成了以《凤耳牡丹瓶》为代表的一批仿古瓷，受到了很多专家的肯定，从这时候开始，我们快要失传的青瓷技术才得以慢慢恢复。那两年仿古小组搞出了很多新产品，像青白瓷结合釉、青瓷堆花、青瓷开片、青瓷点彩、哥釉仿制和大件花瓶等，这些新产品胎质细腻、釉色稳定，受到了专家的好评。

仿古小组根据当时专家分析出来的胎、釉成分与数据进行了无数次的仿制与试验，终于在 1959 年将失传了 300 多年的弟窑青瓷恢复到历史较高水平，完成了新中国成立十周年人民大会堂用瓷的任务，龙泉青瓷得以在新中国焕发出全新的活力。1959 年年底，浙江省轻工业厅又组织国内陶瓷专家对龙泉青瓷进行了为期三年的科学研究，探索总结龙泉青瓷的生产技术和科学方法。1963 年 6 月，省轻工业厅和省科委在杭州联合召开龙泉青瓷科学研究总结会议，会后，瓷厂开展了青瓷粉青、梅子青釉色的系列配方试验，掌握了一定的科学数据。通过几年的试验，培养了很多技术工人，掌握了青瓷造型、成型、烧成技术和釉料、坯料的配方，为青瓷量产提供了技术条件。

　　1963 年，仿古小组成功烧制了失传 700 多年的哥窑瓷器，仿制的工艺和技术也逐渐接近古瓷，受到了专家的一致好评。在仿古小组时，我刻苦学习，虚心求教，最终掌握了龙泉青瓷完整的烧制技艺。同年，浙江美院邀请我为学生辅导制作毕业设计。我到美院之后，真的是像捡到宝了，一有空我就上图书馆翻阅有关陶瓷工艺和陶瓷美术的书籍，还有青瓷史、龙泉青瓷研究的相关资料。我是小学毕业，基础比较差，有的地方看不懂，就不停地去请教老师和同学。那段时间我增长了不少理论知识，阅读了《陶瓷工艺学》和叶宏明编著的《举世闻名的龙泉青瓷》等好几本书籍。毕业设计完成之后，美院领导看我还挺上进的，就有意让我留在美院继续深造，甚至开会研究讨论决定让我留在美院任教。然后美院就向我们瓷厂通气，提出来要把我留在美院。厂里认为我是年轻一辈的技术骨干，就不同意我离开，态度很坚决。虽然说那时候厂里没给我留在美院继续深造和任教的机会，但是我毫无怨言，仍旧回到厂里孜孜不倦地工作，在实践中继续探索攀登。应该讲，厂里的爱护培植，美院各方的青睐，使我有更多机会接触祖国陶瓷的光辉历史，亲眼看见许多从古到今高、精、尖的瓷器作品，提升了思想，开阔了视野。一次，我到北京参观学习，我抓住时机，不停地奔波于北京工艺品厂等与陶瓷产品有关的单位，参观取经、拜师求贤。徜徉于北京故宫的中华民族文化宝库里，陶瓷馆、养心殿等陈列室中琳琅满目的传世青瓷佳品，我是目不暇接、眼花缭乱，面对高雅的龙泉青瓷，惭愧地低下了头。早在1000多年前的五代，拥有丰富的优良瓷工、烧窑燃料和便利的水路交通的龙泉，就开始生产青瓷，到了南宋进入鼎盛时期，龙泉成为南宋最大的瓷业中心之一，龙泉青瓷不仅被列为朝廷贡品，而且远销东南亚、阿拉伯等地，甚至到了西欧各国。我不断地思考：长江后浪推前浪，后人应当胜前人，时隔几个世纪以后同为炎黄子孙的自己，怎么还赶不上古人了呢？回到厂里，同事们围住我，要我介绍首都风貌，讲一讲长城，我只是讲青瓷。大家就笑我："到了北京，还不去长城，真傻""不到长城非好汉，徐朝兴不是好汉"。这些议论，对以青瓷事业为重的我却是又一次促进："对！不到长城非好汉，我制作的青瓷如果不能超过南宋的龙泉青瓷，就不是好汉。"1975年，面对国际和国内陶瓷界的竞争和挑战，龙泉瓷厂把仿古小组改为青瓷研究所，于是一个专门设计龙泉青瓷的研究所成立了，我也由仿古小组成员变成了研究所成员。这以后，我有了更多的机会接触陶瓷界的专家、学者，通过参观学习，开阔了视野，增长了见识。

采访组：徐老，我们知道您曾经一夜之间连升六级，从一个普通的仿古小组成员变成了青瓷研究所的掌舵者。您能跟我们详细讲一讲这背后的传奇经历吗？

徐朝兴：1975年，我们瓷厂决定把仿古小组改为青瓷研究所，我成为研究所成员。青瓷研究所是龙泉瓷厂的设计研发单位，我仍跟随着师傅李怀德，负责制作茶杯、花瓶、餐具等模母，模母做好后，再交给瓷厂的工人生产。年轻的我凭着过硬的技术很快成为工厂里的技术骨干。

1979 年 9 月 26 日，厂里把我确定为入党积极分子。我非常兴奋，激动得好几天睡不着觉。一个"四类分子"家庭子弟，一个在家庭背景上抬不起头的人成为入党积极分子，又怎能不激动？我也没有写过入党申请书。结果一个党委委员让我写申请书，说我是培养对象，我就写了。

入党申请书交上去还没等到转为正式党员的时候，记得那是 1980 年秋天，那年我 36 岁，我接到一个电话，让我第二天到县城开会去。我说我走不了，还有客户等着我把样品做出来。可是领导让我跟客户解释一下，请客户再等一天。结果第二天一辆空车从龙泉开到我们那里，停在办公楼下面。大家陆续上了车，我不敢上车，心想："我的家庭成分不好，这车我能上吗？大会小会，我总是坐在角落里，不挨批评就很好啦。"在旁人催促之下，我还是上车坐到了后排。车上坐着党委书记、副书记，总厂的厂长、副厂长，分厂的书记、厂长、副厂长……看到这么多领导我不免有些担忧，那时候"文化大革命"刚刚过去不久，我一直在担心自己是不是讲错了什么话，心中七上八下，就问车上的一位领导，这是去开什么会。那位领导平时与我没什么交流，讲话都是硬邦邦的："开什么会？不知道，到时候就知道了。"听后我是真的心发慌、手发抖。

采访组：徐老讲得很有画面感啊，那个时代突然面对这种场面，都会有点紧张的。

徐朝兴：领导看到我这个状况，不解地问我："你怎么这么紧张啊？你不要怕，让你挑点担子。"没有给我讲是什么担子，但我放下心了，挂牌游街总不会了。车一直开到了龙泉，那时还是龙泉县。到了县里，我在会上接到了自己的任命：任命徐朝兴为龙泉青瓷研究所所长。我一步登顶了！

当时按编制，我们研究所有所长、副所长，往下我所在的实验室有主任、副主任、实验小组组长、副组长。我连副组长都没当过，一下子从普通员工到所长，跨了六级，一听差点晕了过去！我一再地问："是不是搞错了？"我那时候毕竟是作为一个被人歧视的"四类分子"家庭子弟一路走来的，突然之间从一个普通工人一跃成为研究所所长，那真是想都不敢想。会后，我马上到我们县政府的老办公楼找到领导，说我当不了，没有管理经验。领导回答说："这一任命已经经过党委反复研究，你现在是唯一人选。"我又说："事先也没找我谈话，一点心理准备也没有。"领导说："这个情况我们知道，你老徐有包袱，如果先找你谈话你就不会当了。"随后领导又找我谈心，说："你现在是研究所所长了，今后你的担子更重了，可不能辜负党对你的期望啊！"领导都这么讲了，我也只能硬着头皮上了，真心感谢十一届三中全会的召开。从那时开始我一心一意、兢兢业业，埋头到青瓷研究所的工作中去，心中暗暗决定一定要干出个样子来，才能对得住党，对得住人民，对得住厂领导的栽培。

所长生涯　兢兢业业

采访组：徐老，我们知道您的成名之作是和您师傅李怀德共同合作设计，并由您烧制完成的《52厘米迎宾大挂盘》。1982年，这件作品也在第二届全国陶瓷艺术设计创新评比中被评为一等奖，后来是被中南海紫光阁永久收藏。您能跟我们详细讲讲这件堪称当代"国宝"的重器背后的故事吗？

徐朝兴：是的，全国陶瓷艺术设计创新评比这个奖含金量非常高，因为是全国陶瓷界陶瓷烧制技术、设计水平评比的最高奖项，代表的是这个时代的最高水平。1978年，在第一届全国评比当中，我们浙江省剃了光头，连一个三等奖也没有。浙江当时有多少瓷厂？十个。萧山瓷厂、绍兴瓷厂、上虞瓷厂、余姚瓷厂、宁波瓷厂、温岭瓷厂、衢州瓷厂、龙泉瓷厂等十大瓷厂在全国评比当中都剃了光头。我们整个浙江的陶瓷界都很震惊，我也很震惊。1981年的一天，省里一位老教授对我语重心长地说："长江后浪推前浪，今人应当胜古人。小徐啊，为千年古瓷添新彩的重担压在你们这一代人身上了。"老教授的嘱咐，使我夜不能寐。自当了青瓷研究所所长后，我常常想：龙泉青瓷除了继承传统外，在创作工艺上应该有新的突破。有一次，我在北京故宫博物院里看一只青瓷大盆，直径约40厘米。我突发奇想，如能把盘径再扩大一点，制成哥窑挂盘，必获佳效。这个想法得到厂领导的大力支持，于是我日夜不停地研究试制《52厘米迎宾大挂盘》。厂里还成立了技术攻关小组，让我主攻技术难题，李怀德老师做技术顾问，参与设计。我想着领导这样相信我，我一定要把这项任务完成好。

于是我与攻关小组成员一起制订了设计方案，调整配方、刀形、上釉、烧成工艺等制作方法。有时为了攻克一个技术难关，连续几个晚上都要在实验工场，睡也睡那，工作也在那。

1981年年底，第二届全国陶瓷艺术设计创新评比快要临近。当时的浙江省轻工业厅厅长是鲁哲同志，他非常着急，把全省十大瓷厂的厂长和重要制瓷骨干都召集到杭州紧急开会，我和我们厂领导参加了这次会议。他说："前年，第一次评比我们浙江省得了'光头'，第二次评比如果再是一样，那浙江可就倒了大霉了啊！"鲁厅长对1982年参加第二届全国陶瓷艺术设计创新评比寄予厚望，希望全体制瓷工作者研制出最高水平的瓷器，为浙江争光。我听了后激动不已，当夜失眠，辗转反侧，暗暗发誓：一定要研制出最高水平的瓷器，让龙泉青瓷熠熠生辉，为浙江争荣誉，为龙泉争荣誉。

我这样想，就这样做。有时工作迟了，就睡在研究所；肚子饿了，就喝点水充饥；病了，仍旧继续工作。那时候满脑子就是青瓷，就是大挂盘。烧窑其实也是个精细活，大部分时间我都是自己守在窑边看火的。经过半年多30余次反复试制，《52厘米迎宾大挂盘》终于烧制成功了。当时人已经到极限了，全靠一口气撑着，烧制成功后气一松，我直接就病倒了。

这件《52厘米迎宾大挂盘》被送到全国第二届陶瓷艺术设计创新评比大会上，立即在全国引起了"地震"。专家们纷纷评价道："《52厘米迎宾大挂盘》釉色温润、开片适中，其工艺和难度均超过历史水平，可誉为当代哥窑瓷器国宝。"

这件作品在评比中荣获一等奖，并获得艺术瓷总分第一名，曾送亚太博览会展出，现收藏在中南海紫光阁。刚听说得了一等奖那会儿，我是一蹦三尺高，病好了一大半。鲁哲厅长得知是龙泉一位年轻人为浙江争了光后，非常高兴，专门向当时的龙泉县委送去喜报。喜报中说我为浙江瓷界争了光，也为龙泉瓷器争了光，这是一件了不起的事情。龙泉各级领导赞不绝口，纷纷觉得让我当研究所所长是一个正确的决定。可我自己觉得，功劳是大家的，是研究所集体的。

采访组：《52厘米迎宾大挂盘》得奖之后，您在担任青瓷研究所所长期间继续研制了哪些新的精品？您能讲一讲吗？

徐朝兴：在第二届全国陶瓷艺术设计创新评比中一炮打响之后，我就想着要再接再厉，第三届也拿到一个好成绩。当时著名工艺美术教育家、美术理论家、原浙江美术学院工艺美术系主任邓白教授为我们研究所设计了一套餐具，后面又设计了一套茶具，这套餐具就是后来引起很大轰动的《33件云凤组合餐具》。1986年第三届全国陶瓷艺术设计创新评比开始时，浙江省先在省内预选，有169件精美瓷器选送，省里专家看了我的《33件云凤组合餐具》后，兴奋不已："朝兴这小子真行，我们看他这套餐具肯定能拿奖。"省里共预选出50件瓷器参加全国评比，我的《33件云凤组合餐具》也在内。评比在绍兴举行，我也去了，是为送这套《33件云凤组合餐具》而去的。评比期间，我呆在旅馆里忐忑不安。当时有22名评委，全国共有834件作品参加评比，将评出一等奖10件、二等奖20件、三等奖40件。第一轮评比结束后，共有134件作品超半数票。按照最终的获奖数量，还要筛选掉64件。这134件作品要重新编号，编号上不能有厂名、作者等标记。第一轮的评委退下来后，再由第二轮的评委参加 134 件作品的评比。我的《33 件云凤组合餐具》很快进入了第二轮评比，它的编号是 12 号。第二轮评比期间，我仍然在房间里静静地等着，心情却非常紧张。等到次日凌晨一点半，评比结果还没有出来，我却一点没有感觉到累，因为这不仅关系到个人的荣誉，还关系到厂里和研究所的荣誉。为什么这样说呢？因为一旦评上奖，《33 件云凤组合餐具》就名声大振了，就可以大批量生产进入市场，为厂里带来经济效益。评比结果直到第二天上午八点半才出来，《33 件云凤组合餐具》得了一等奖，我很激动，想把这好消息与爱人分享。当时联系不方便，我马上提笔给老伴写信，信中说："我很激动，军功章啊，有我的一半，也有你的一半……"因为当时正值歌曲《十五的月亮》流行。我吃完早饭，回到房间，在辽宁省硅酸盐研究所陶瓷专家关宝琼大师的引荐下，见到了这次设计评比委员会的主任韩美林大师。韩美林大师高兴地说："朝兴，你这套餐具有新意，打破了传统的格局，真正达到了日用瓷艺术化的效果，拿一等奖是当之无愧的。"能得到大师的夸奖，我受宠若惊。从此，我与韩美林大师结下了深厚的友谊。这套《33 件云凤组合餐具》在龙泉瓷厂投入大批量生产后，供不应求，仅 1987 年就生产了 35 万套，一年产值 100 多万元，研究所的经济效益一下子就提升了。

采访组：徐大师，我们知道 20 世纪 90 年代以后，由于国企改制和私有化浪潮的双重影响，研究所的经济效益逐渐下降，最终和许多国企一样，变成了历史。您能接着讲一讲这一段往事吗？

徐朝兴：好的，成为研究所所长后，我一直是一边自己做青瓷一边领导着研究所的工作。1985年年底，由于市场发展的需要，龙泉瓷厂分成了五个单位：龙泉瓷器一厂、龙泉瓷器二厂、龙泉瓷器三厂、龙泉瓷器四厂和龙泉青瓷研究所。龙泉青瓷研究所从总厂分离出来后，变成了自负盈亏的独立的法人单位，法人代表也变成了我，肩上的担子就更重了。当时总厂只给我们所里留了一点固定资产，没有留下一分钱，但还要解决30多位职工的吃饭问题。分离出来的第一个月，我是借钱为30多位职工发的工资；第二个月，我就设计了许多青瓷样品，立即背着这些沉重的样品前往广州参加交易会。当时青瓷艺术品的价格还不是很高，研究所没有自己的生产设备，设计的作品收到订单后，要交给下面的分厂生产，主要是交给龙泉瓷厂四个分厂生产，研究所按销售额的1.5%提成，要想生存下去是很不容易的。但研究所还是渐渐地有了新的发展，路越走越宽。1987年，日本株式会社高岛屋的两名课长慕名来到龙泉考察，株式会社高岛屋是专门经营中国"五大名窑"瓷器的商店，是浙江省外贸公司陪他们来的龙泉。当时，龙泉县外贸公司通知我陪同考察，于是我匆匆从上垟赶到了龙泉城里。第二天，两位日本客人在我的邀请下，前往上垟龙泉青瓷研究所考察。经过一番深入了解，在龙泉青瓷研究所陈列室里，他们看中了6件龙泉青瓷作品，都是我设计制作的。日本人说："这6件作品，我们都想买走，如果签上你的名字，我们愿意出10倍的价格，订你一批货。"我很高兴地说："那可以，能为研究所带来较高的经济效益，这是大好事啊。"从那以后，我的作品才开始署名。

当时这批订单有7万多元，在上世纪80年代，那是一笔大订单。这批货都是我的作品，按照当时所里的规定，可以拿10%的销售提成，有 7000 块钱可以拿，但是我一分钱也没要。我经常说："不能在艺术界里做奸商！"其实，我最吝惜的是时间，最讨厌的字眼叫"马虎"，最爱呆的地方是工作室。有人说我在工作上，绝对是一个"狂痴"，此言不虚。在工作上我对自己从来是严格的，律人先律己，要想领导好别人，首先要严于律己。我经常是在工作室度过节假日的。

20 世纪 80 年代，研究所经过了三次较大规模的技术改造，日用瓷年生产能力比以前翻了四倍，研究所固定资产增长了十几倍，经济效益不断创下历史新高，成为全省同行业中的佼佼者。

1988 年 8 月，持续了八年高负荷运转的工作状态后，我没能撑住。有一次，事情很紧急，要不停地烧窑，我就自己爬进高温窑清理煤渣，在里面呆了很久，最后因疲劳过度严重脱水，我突然两眼一黑，直接晕倒在地不省人事，在市人民医院抢救了两天两夜才算清醒过来。醒来时，老伴在一旁流着眼泪劝我："你放下所长这个担子，安心做你的老陶工，行吗？"我点点头，答应了。之后我被送到杭州调养了 3 个月才慢慢恢复。回想当年，我是做什么事情都想做好，不做好就不吃饭不睡觉。我今年 78 岁的身体比 80 年代时的身体还要好，很大原因是那时为了工作不管不顾，太拼了。

采访组：徐大师，那个时候您可是真的辛苦。正因为您在事业和工作上的突出成绩，您先后荣获了浙江省"劳模"和"全国优秀科技工作者"称号，以及"五一劳动奖章"，这些都是我们国家最高等级的荣誉了。您前面说到了韩美林教授，他是当代顶级的造型艺术家，您能讲讲您跟他之间令您印象深刻的故事吗？

徐朝兴：说起跟韩美林大师的实质性交往，还要从他的龙泉之行说起。1988年，韩教授应我之邀到龙泉考察青瓷，他把工作室设计在大篷车里，开到了龙泉。他对陶瓷有很深的研究，本身就是一位陶瓷大家。我们两个人在一起，有说不完的话。短短几天接触，我从韩大师身上学到了许多东西。临分别前，他对我说："我每到一个地方，每个地方就有一大批人围着我，叫我写字画画。而唯独你，在龙泉这么认真地接待我，而且从不向我索要字画，你是一个值得我尊敬的陶瓷艺术家，我送你几个字吧！""你要送我字？"我受宠若惊。韩美林笑了笑，说："我给你增加点压力。"说完他在我家挥毫泼墨，四个大字力透纸背——"栋梁气魄"。此后，我一直记着韩大师的鼓励，兢兢业业，全身心地投入青瓷的创作和研究工作中去。

两处"朝兴苑" 三代传承情

采访组：徐大师，我们知道龙泉市委市政府一直对非物质文化遗产传承人非常重视，2011年的时候还专门划出一块地，建造龙泉青瓷文化创意基地——大师园，用来给龙泉青瓷工艺美术大师们居住、生活、工作、教学等等。在大师园一期工程中，拨给您的这套房子就叫"朝兴苑"，准确地说，它应该是二代"朝兴苑"了，您在1999年创办的青瓷作坊式新兴企业，它的名字就叫做"朝兴青瓷苑"。我们更希望您能跟我们讲讲"朝兴苑"背后的故事。

徐朝兴：是的，龙泉市委市政府一直非常重视非物质文化遗产的传承，对我们这些老艺人更是优待有加。项目应该是从赵建林书记手上开始的。2011年大师园第一期工程交付使用，最先指定的就是我这一幢。现在，"朝兴苑"是完全不营利的，好在各方面都有政府的照顾和优惠，我也用自己的作品来养活它，因为龙泉青瓷需要这么一个地方。国家给了我很多，我现在要回报社会，让更多的人可以到朝兴苑学习、工作。

徐　凌：我们这里大师园一期工程共有 12 家。我们这幢占地面积最大，有 10 亩，其他的基本上都是 5 亩左右。二期工程有 7 家，其中有一个是给中国美院免费用的。算房子的话有 46 套。

采访组：徐大师，您提到过赵建林书记，记得 2009 年龙泉青瓷就是在赵建林书记和梁忆南市长任期内成功申遗的。梁忆南市长后来到我们学校当党委书记了。

徐朝兴：是的，我觉得人类非物质文化遗产在他们手上申报成功，这就是他们最大的贡献，龙泉人民会记住他们的。

采访组：申遗成功真的很不容易，龙泉青瓷还是全球唯一一个陶瓷类的世界级非遗。

徐　凌：原来是就我们一个，最近摩洛哥陶瓷也申遗成功了，但国内还是只有龙泉青瓷是世界级非遗。前人栽树，后人乘凉。龙泉青瓷这样好的局面既离不开党和政府的领导，也离不开这几代手工艺人的精益求精、辛勤付出。

竺聪林：梁忆南市长在去年世界青瓷大会的时候回到龙泉做了一个演讲。讲到最后，他的眼眶都湿润了，他在龙泉十年，对龙泉非常有感情。

采访组：徐大师，您能继续讲讲 1999 年您创办的第一代"朝兴青瓷苑"吗？

徐朝兴: 好的,在市场经济的冲击下,由于体制及管理上的种种原因,1999年3月,我所在的龙泉青瓷研究所破产关门,全部职工下岗回家。出于对青瓷事业的热爱和追求,也是为了一家人的生活出路和子女的前途,更是因为龙泉市委"二次创业"精神和优惠政策的感召,我就跟老伴商量,决定创办一个龙泉青瓷的私人企业——"朝兴青瓷苑"。

我们一家人从1999年4月开始筹划,首先是资金,其次是场地。我是一个以诚信为本的人,加上我自己是工艺美术大师,又连续担任两届全国人大代表,凭借这些,创办企业的贷款问题得到了上级和有关部门的信赖与支持。有了资金,征用工业用地的问题就不难办了。从厂房、展厅、门楼到工艺流程布局、车间设施,我都虚心请教各方行家,会同设计师共同磋商。1999年5月开始,从奠基到厂房、窑炉等生产设施竣工,仅用了4个月时间,并立即开始滚动生产,当年就产生了经济效益。其他设施和装潢,如门楼、展厅、园区及绿化等,也在启动生产的过程中不断完善。整个厂区带配套工程的竣工仅用了一年半的时间。厂区占地面积2062平方米,建筑面积1800平方米,绿化面积400平方米,总投资200万元。"朝兴青瓷苑"的创建速度与滚动生产的效益在当时的民营企业界也是极快的一个。"朝兴苑"说是叫企业,其实就是一个手工作坊,工艺师就三个人,我、徐凌、娜亚。可以说"朝兴苑"既是青瓷生产厂家,也是私人小型青瓷研究所。在艺术设计上,我与他们两个共同探讨,我自然是起到"传、帮、带"的作用。我们既是企业决策者,也是青瓷艺术的研究者,同时还是直接的生产者。

采访组：徐老，"朝兴苑"当时有什么宗旨吗？企业日常运营和管理是什么样的模式呢？

徐朝兴：当时的企业宗旨是：诚信为本，创优品牌。我的品牌意识比较强，认为诚信是企业立足之本，所以要放在第一位。我那时候每天都是早晨五点起来在车间里揉泥巴。白天很忙，不仅要忙于原料的购入和生产问题，还要忙于参与社会活动及接待客户，只好利用早晨和晚上进行设计和创作。企业管理主要是我的老伴韩红军负责，麻雀虽小，五脏俱全，企业管理和财务都制定了明确的规章制度。工人不多，固定的工人仅有11人，批量生产时再请临时工。当时的企业全年产销可达100多万元。那时候，龙泉市曾分别在杭州、上海、北京举办过3次青瓷、宝剑精品展销会，"朝兴青瓷苑"每次都会积极地参与，取得了很好的经济效益。我面对采访时还自信地说："随着生产品种（的增加）和技术上的竞争，青瓷工艺技术必定会再上新台阶，龙泉青瓷必再创辉煌。"

采访组：从原来的"朝兴青瓷苑"到现在的"朝兴苑"，徐老一家人最大的感触是什么？

徐　凌：最大的感受是空间变大了，也安静了。以前毕竟是企业，生产车间和我们的工作室是比较近的，比现在肯定要吵一些，现在我们三个人都有独立的工作室，地方也很大。其实从原来的"朝兴青瓷苑"到现在的"朝兴苑"，对我们来说就是场地的转换，只是一个平顺的过渡，但对父亲来说，可能更加有触动，他对自己一手创办的企业是有很深感情的，十余年的心血都花在了上面。

采访组：徐大师，我们知道您的儿子徐凌老师现在也是陶瓷类的浙江省工艺美术大师，您能跟我们讲讲他是怎么在您的影响熏陶下，走上青瓷从业之路的吗？

徐朝兴： 我儿子呢，小时候就到他妈妈那边读书，寒暑假的时候才会回来，有时候也会给我们帮忙做做青瓷。他从杭州的设计学校毕业以后，就在外资企业里面搞创作设计。当时我们瓷厂已经走下坡路了，我们自己这边虽然是在单位拿工资，但是连一个月600块的工资都发不下来，每个月8号发工资，钱在哪里都不知道。上世纪90年代，大家都要搞承包了，当时我也做得很累，就想自己辞职办一个青瓷作坊，就是后来的"朝兴青瓷苑"，于是1995年年底我就辞职了。当时我是有点希望他回来帮我的，但是他妈妈觉得好不容易出去在大城市工作，在余姚的前途也更好，做陶瓷太辛苦，不愿意让他回来。所以我给他写了一封信，他就准备回来了，他妈妈还是不同意。后来他也给我们写了一封很长的信，4张纸，我当时十分感动、欣慰，他也最终说服了他妈妈，放弃待遇优厚的工作，回到龙泉来做青瓷。回来以后才听说，原来他干了两年半，工资比我还高，我最多时就只有800块。作为父亲，我很欣慰他有了自己明确的人生志向，开心的是他的孝顺、知心。当然，我最高兴的是又多了一个继往开来，传承我的技术和抱负的传承人。正好今天徐凌也在，这些事可以让他自己详细地讲一讲。

采访组： 那个年代这个工资是很高了，想来徐凌老师回来时也是下定决心的。做瓷确实是很辛苦的，如果不是对青瓷有着独特的情感，不是对父辈的孝顺，一般也不会愿意放弃这么好的待遇，从余姚跑回龙泉，跟着您老开窑、烧窑。

竺聪林：徐凌那时候是在长城精工上班，中日合资企业，是余姚最好的公司了，他那时候，一九九几年，工资就达到1500多块钱，办公室有空调，单位有食堂，还用上了当时非常时髦的信用卡。

采访组：徐凌老师，我们知道您父亲是青瓷行业的一座高峰，您出生在这样一个家庭，从小接受父母的熏陶，后来又决定继续从事青瓷行业，现在已经是省级工艺美术大师，是年轻一辈青瓷从业者中的代表人物。我们想知道，在您成长的过程当中，这个家庭给予你更多的是荣誉还是压力？作为一个"瓷二代"，父母对您入行产生了怎样的影响？您能跟我们讲一讲您与青瓷之间的缘分吗？

徐　凌：谢谢，其实不止一个人问过我类似的问题，这个家庭带给我的是荣誉还是压力，我想多多少少都会有一点的，但我其实没有想那么多。别人说我们是沾了父亲的光，可以这么说。因为不是父亲，我们是走不上这条路的。但是，父辈是父辈，我们更要靠自己的努力才能在龙泉青瓷烧制技艺上有所收获。当时我打算从余姚回来就是一个朴素的想法，对于传承青瓷技艺只有朦胧的意识，对青瓷的未来我自己心里也没有底，就是想让痴迷于青瓷的爸爸开心，让劳累于瓷窑的妈妈省心。我也从来没有在意所谓的"瓷二代"这个标签。我自己也是真正进入青瓷的世界后，才越来越深入地意识到传承和使命这些问题的重要性。

我出生在中国青瓷小镇上垟，很小的时候就喜欢画画，长大了一点我就到了母亲的家乡余姚上学，在那里生活，不过每年寒暑假会来龙泉。看着父母做瓷，这恐怕就是小时候的我与青瓷最大的关联了。很多人会讲耳濡目染，确实在这个过程当中，我知道了制作青瓷的大致流程。初中毕业后，我考入了杭州的浙江省二轻工业设计学校，就是今天的中国美术学院艺术设计职业技术学院，学习造型设计。1993年毕业后，我在当时余姚的外企长城精工有限公司做广告设计和包装设计。1995年之前，我的父母都在龙泉青瓷研究所工作，在国有企业改制的大环境下，研究所的效益并不好，那时候关于龙泉青瓷的私营企业也开始慢慢增多，父亲就决定自己开一个小窑厂。当时将制作青瓷的泥打成浆都是纯手工，是一项体力活，不像现在有机器辅助，比较省力。而且当时手拉坯还很少，基本是模具成型，模具很大很重，也需要很大的力气。烧窑用的则是液化气，要从很远的地方搬运。我回来的初衷就是替父母分担一些体力活，所以1995年12月我就辞职了，前后工作了两年半。刚开始，母亲不同意我回来，后来我给他们写了一封长信，我说："我希望自己能把父亲的制瓷技术继承下来，和父亲一样，把心寄托在青瓷上。"母亲最终同意了。

1996年1月，我回到龙泉，真正开始学做青瓷。接下去的六年时间，我成了爸爸的小学徒，一肩承担了挑土、淘洗、注浆、灌浆等所有体力活，认认真真地从最基础的拉坯开始干起。

很多东西都一样，一旦真正上手就要关注每一个流程的细节，要学习材料的基本知识，了解制作过程中的技巧和经验等等。父亲开始教给我很多基本的东西，例如灌浆、修坯、粘接、刻花、素烧、上釉、装窑、烧窑，对我而言，这是一个边做边学的过程。

采访组：您的技艺传承自您父亲，尤其是跳刀技艺可以说深得徐老的神韵，我们也发现在您的代表性作品上，可以很明显地感受到"瓷二代"独特的个性和创新精神。您可以讲讲您对技艺传承的理解以及代表作品背后的故事吗?

徐　凌:父亲总跟我说,在中华艺术种类中,龙泉青瓷地位甚高,它有很高的审美层次和深厚的人文底蕴。在龙泉这块土地上有如此珍贵的东西,让它代代相传,发扬光大,我们责无旁贷。他自己做青瓷一开始是为了生计,但似乎冥冥之中又注定要走上这么一条青瓷复兴之路。青瓷艺术有着深厚的历史文化底蕴,这些传统的东西是现代陶艺生存发展的根基。我们要继承龙泉青瓷传统的造型及工艺,在此基础上进行创新,实现对传统的跨越。

我一直认为,只要肯花时间,有量的积累,任何技术上的表现都不会相差特别大,但作品呈现的风格面貌则来自思维的差别。我的父亲总是告诉我要有自己的艺术风格,表达自己的观念,体现自己的特色,这是他一直以来对我的最大要求。

采访组:青瓷制作是一种传统手工艺,但您过去一直接受的是学院派教育,您觉得后者对您进入传统工艺领域有着怎样的影响?

徐　凌:我觉得学校里所接受的教育在我的创作中起到了很关键的作用。首先,虽然我在学校学习的专业看起来跟青瓷制作没什么直接的关系,但却培养了我对美的鉴赏力,我的素描、色彩功底不错,在学校对平面构成、色彩构成与立体构成这"三大构成"的学习,也为我后来创作青瓷打下了很好的基础。其次,学院派教学注重的是学习能力的培养,而不仅仅是教授知识。很多技巧、经验方面的东西,随着时间的积累我们慢慢会有,但思考问题的能力并不是靠积累就能拥有的。总体来说,我的作品风格的形成跟在学校里受过的教育有很大关系。

采访组：徐凌老师，您的作品风格比较艺术化、个人化，更多的是表达自己的思想和情感，您怎么看待实用器具？它的地位是不是会低一些呢？

徐　凌：我并不觉得实用器具比观赏器具的地位要低，观赏器具是利用作品表现作者的思路和想法，而实用器具结合的是生活美学。日本陶艺家制作的都是实用器具，用手工完成的作品很拙，但是很自然。

采访组：您怎么看待技艺的发展和工具的变革？

徐　凌：前人的技艺已经非常高超了，过去的工具都是自己制作的。发展到我们这一代，使用的工具已经很全面，再加上材料的日益丰富，我们拥有了很多新的工具。不过，有时候我还是挺怀念传统工具的。举个例子，古代刻半刀泥会使用竹片，但现在我们都会使用铁皮，铁皮似乎也能刻出竹片的效果，但若仔细看还是有区别的——古人把老的竹子削成薄片，弯曲而富有弹性，用这种竹片刻的时候就会有虚实深浅的变化，像用毛笔写书法一样，隐藏着笔锋的意味。如今人们不再使用竹片，很大的原因就是原先的这种方式需要从寻找合适的竹子开始，不断试验，然后不断练习，大家都不愿意花这么长的时间在其中。从这个角度来讲，我觉得日本的陶艺家就有很多值得我们学习的地方，他们自己上山采泥，自己加工，然后再烧制，这需要花费很大的精力和时间，周期很长，他们纯粹地把做陶瓷当作自己的生活，而不是工作。

采访组：在龙泉，是否有一些与青瓷相关的古代的风俗传统到今天依旧延续着？这些风俗传统的意义何在？

徐　凌：现在还有祭窑的风俗。我觉得风俗的意义是缅怀前辈，更是为了教育后人，教育后代要牢记传统。

采访组：徐凌老师，您现在也带了不少徒弟了，在教学中，您看重的是培养哪些素质？

徐　凌：我和学徒讲技术上的事情比较少，我会更侧重观念上的引导。我始终坚信，有量的积累就能发生质变，技艺上的问题是可以依靠大量的工作来解决的，技术靠的就是手和大脑的不断配合。所以我讲的更多的是青瓷技术以外的问题。

采访组：您认为青瓷的发展最关键的是什么？

徐　凌：其实我觉得青瓷手艺人只要把自己分内的事做好就可以了。每个人都做好自己分内的事，就可以把龙泉青瓷发展到更好。从我自身来说，我觉得龙泉传统青瓷是一种美，一种需要传承的美，但美有很多种，我希望大家可以通过我的作品看到更多元的美。

采访组：您认为对于不断发展的社会而言，手工艺最重要的价值应该体现在哪些方面？

徐　凌：每个手工艺人都要真实、诚信，不必在意别人对自己作品的评价，但一定要真诚地面对自己。如果行业里每个人都能够做到这一点，那么整个行业就会健康发展。

采访组：现在"工匠精神"正被越来越多的人提及，徐凌老师，您能谈一下您理解的"工匠精神"吗？

徐　凌：一个手工艺人勤勤恳恳，一生坚持做同样的事情，我觉得这就是工匠精神。其实做青瓷只是一种社会分工，很简单，不像过去那么卑微，也不像现在描述得这么伟大。对我来说，青瓷是一个平台，做青瓷不是结果，而是我选择的一种生活方式。我可以通过做青瓷保障我的生活，可以通过青瓷认识国内外很多志同道合的朋友，还可以通过青瓷周游世界，了解各地的风情，宣传我们的文化。因为青瓷，我可以活着，可以生活着。

采访组： 徐老，我们知道您的儿媳妇竺娜亚也是省级工艺美术大师，您是她青瓷路上的引路人，您可以讲一讲她和青瓷之间的缘分吗？

徐朝兴： 对，我儿媳妇也是省大师了，她原来是做唐三彩和釉面绘画的，1996 年跟徐凌一起回龙泉来帮我。她做青瓷呢，很有灵性，美术功底扎实，悟性也很高，成长得非常快，在我这么多徒弟里面也算是非常出色的了。前两年她从中国美院硕士毕业之后，通过人才引进，去丽水学院中国青瓷学院当陶瓷方面的老师去了。具体的徐凌他们自己在这儿，让他们自己说吧。

徐　凌： 20 多年前，我和娜亚从余姚回到龙泉帮助父亲搞起了"朝兴苑"（老），后来还有工作室。身边的朋友都说是我把我媳妇拐回了龙泉。其实我和娜亚相识很早，1993 年，我在杭州念设计，而她学绘画。一到周末，我就跑到她们班上去玩，一来二去，就相识了。我媳妇她是余姚人，毕业后，我到余姚外企工作，不久后，她也回到余姚。很巧的是，我们住在同一个小区，每天我骑着自行车都会从她家楼下路过。当时她的工作是陶瓷釉彩绘画，我跟她说我爸爸是做陶瓷的，所以她经常会找我问问陶瓷釉料、烧成等技术问题，比如温度要怎么控制才能让釉面不起气泡。

我们两个人在一起是比较自然的，两个人很少单独约会，也没有太刻意地去追。1995 年年底，我决定辞职回龙泉老家，跟父母学青瓷手艺。具体的前面也说了，娜亚呢也决定一起回来了，很简单。

当时也不知道这里是什么情况，她坐了一夜大巴，凌晨四点多到了龙泉，我接的她，我们坐人力三轮车回的家。

头几年的光景，娜亚都听不懂方言，我一直在教她。她从小住在海边，跟龙泉的生活习惯有些差别。龙泉海鲜很少，她平常吃起来有些不太习惯。

那时候最盼望的事，是开通高速公路，因为地理位置偏僻，进出一趟都很难。当年回来，一家四口一起做青瓷，其实我和她都没有什么功底，都是跟着父亲从零学起的，学习青瓷如何从泥变成坯，再从坯变成瓷。

采访组：徐凌老师，您能继续详细讲一讲你们夫妻俩在一起做青瓷的一些难忘的往事吗？

徐　凌：最早的时候，我们在家中的院子里，用瓦楞板搭了一个棚，里面有灌浆台、石膏模，又找农民租了块地，在旁边造了一个简易的窑，在里面放一个小小的窑炉。娜亚对装饰性的东西上手比较快，之前也做过唐三彩，就先辅助做这一部分的工作。其他的就慢慢边学边做。我记得有一年夏天刮台风，把窑的整个屋顶给吹没了。现在想想，环境还挺简陋的，但是住家跟工坊在一起，这种模式至今也没有变。

刚回来那会儿，"少年不识愁滋味"，日子还挺快活。烧窑的窑边上，有一个大沟，沟里有很多鱼、泥鳅，水通往不远处的溪里，我们一边烧窑，一边垂个渔竿在那儿钓鱼，能钓上来固然好，钓不上来也没关系，就在那儿等着。

白日里干活，傍晚去溪边游个泳，牵着狗去田埂上遛遛。院子大门一打开，眼前是一大片稻田，夏天麦苗长得蛮高了，风吹过来像浪一样起伏。很怀念我们那时候的生活，节奏很慢，也很单纯。

刚回龙泉头几年，龙泉国营瓷厂仍在，青瓷私有化还没有完全起来。整个大环境是很低迷的，环境也很封闭。1999年，国有企业全倒闭了，所有技术工人都出来自己开小作坊，竞争越来越大，我们也开始做一些创作类的作品，去参加一些评比赛。我们生活中和普通夫妻差不多，因为娜亚当年到了龙泉之后，确实是人生地不熟，她几乎没有单独出门过，去哪儿都是我陪着她。和其他夫妻不一样的是，我们是同行，天天在一起做青瓷，但我们很少介入对方的创作，都是比较独立的。

采访组：你们夫妻俩一起做青瓷，在风格上，在对美的理解上，是不是有更多一致的地方？

徐　凌：我们做的东西风格不一样，但审美观是一样的，对美的感觉很相近。她一直都很欣赏我的作品。

竺聪林：我姐夫是一个有天赋的创作者，作品大气磅礴，而且有一种动感渗在里面，思路很清晰。他利用水的语言比较多，比如作品《海的呼吸》，主要是通过拉坯成型，再用挤压的方式，把海浪的形状捏好，半干之后再修坯、雕刻，外面扁一点，细节处则体现着浪花的脉动，像一个大的笔洗。我姐的作品里，则是山的元素比较多。她曾说被山包围着特别有安全感。一开始她是用露胎的方式，用线条雕刻出山纹，后来又在形式和材料的运用上做了一些突破创新。

徐　凌：做大件作品时，娜亚都不太拉坯。拉大坯对她来说比较吃力，她就换了另外一种成型方式：泥条盘筑成型。不过，瓷土盘泥条成型难度非常大，容易开裂，随时需要解决各种各样的问题。古代对于龙泉青瓷的审美，都是要达到玉的质感，表面平整光滑，莹润度非常高。她在创作的时候，把胎土的表面做成波浪起伏的小点，留下指纹按压的痕迹，再将釉填满，光线照射到凹凸不平的面上，会形成很美的光影变化。她喜欢用传统的材料、手法、技术，以虔诚的态度来制作瓷器，这是对于朴素的泥土的喜爱，是对于充满生气的制瓷手艺的喜爱，是对于自己这双能够创造的手的信任，也是对于陶瓷这种集自然五行和人类智慧于一体的艺术的崇敬。

采访组：您和娜亚老师在一起时，关于青瓷经常会聊些什么？有没有印象特别深刻的？

徐　凌：会聊到创作的灵感。有一次印象很深，是十几年前了，我们有一次就聊到了灵感是什么。她认为灵感来源于每天重复做同一件事情。一年一年积累以后，自然有经验了，视野也打开了，这些都是手上功夫。

采访组：你们夫妻俩有没有讨论过类似于龙泉青瓷作为一种陶瓷类的人类非物质文化遗产，如何在当代更好地存活下去的问题？

徐　凌：有想过这个问题。龙泉青瓷从两晋开始，窑火千年不灭，在宋代已经达到艺术巅峰，是宋代五大名窑之一。中国人从古至今，崇玉、尚玉，这种审美观念一直延续到现在，而青瓷烧成以后，是最接近玉的。从外观来说，它是单色釉，最为著名的是粉青釉和梅子青釉。和景德镇的白瓷釉上绘画不同，它特别单纯。粉青釉偏白、蓝一点，有点像天空的颜色；梅子青釉，颜色绿一点，像五月份挂在枝头的青梅的颜色。这是因为青瓷的泥料里有紫金土。紫金土铁的含量比较高，包括粉青釉跟梅子青釉，它们的发色主要依靠铁的成分。我们龙泉这么小的一个山城里，古代就有宝剑和青瓷，最重要的元素就是铁，1000多年前都是就地取材。龙泉青瓷是世界级非遗，龙泉宝剑是国家级非遗。龙泉青瓷想在当代更好地存活下去，一是一定要延续这个传统的青瓷之美，不断地从古人那里汲取营养；二是在工艺和技巧上，每一位从业者都应该精益求精。

采访组：龙泉青瓷的风格在今天是不是需要做一些突破？宋代的审美，现代人是不是真的需要？

徐　凌：我的观点可能会稍微偏传统一些，这里面有我父亲的影响，娜亚则倾向于青瓷风格其实可以更多元化一些。关于现代人需不需要宋代的审美的问题，我和娜亚都觉得我们还是不能完全按照宋代的样子去走。我们可以做传统的，也可以做现代的。可以做日用器皿，也可以做艺术作品。像我父亲这一代人，都是师傅带徒弟，接续下去。对于我们的下一代来说，青瓷的工艺教学、审美教育都是很重要的，这样整个行业才能欣欣向荣。

采访组：您刚才说到青瓷的教学，竺娜亚老师进入丽水学院之后会不会带学生到这里参观学习？

徐　凌：娜亚是2019年受聘于丽水学院的，现在是中国青瓷学院陶瓷艺术设计专业的一名教师。

今年暑假，她就把她自己班里带的几个学生带到她的工作室里。她把她的工作台和学生的工作台连在一起，经常做着做着，边上忽然就会有一个学生站起来，问我们坯子拉得到不到位，型准不准，厚薄怎么样……能为他们解决这些问题，也会让我们产生价值感。

采访组：徐老，现在您儿子、儿媳妇都是龙泉青瓷的省级工艺美术大师，那您的孙子现在也会要往青瓷这方面发展，把这家族使命一代一代传承下去吗？他现在是在读大学吗，是学什么专业？

徐朝兴：对，他自己有这个想法。我孙子是考上了中国美院，今年下半年读大三，读的是艺术理论。

采访组：他是准备要考研究生吗？方向也是陶瓷类的吗？

徐朝兴：是的，接下来要准备考研究生，现在读的是艺术理论，到了研究生再去选择更具体的专业。我当然是期望他往青瓷方面发展，我自己也是冥冥之中好像注定要吃这碗饭。青瓷本身就是一个很美的艺术，我花了 60 年的时间去探索它，算是取得了一点点小成绩，把一些传统的技法和器型进行了恢复和创新。无论是它的艺术、文化，还是烧造技艺，都是我们中国的古人留给我们的宝贵遗产，现在有这么好的条件，那么我希望是能够将这些东西一代代传下去。

采访组：您已经到达了一个很高的高峰了，您肯定更希望他能够在您的这个基础上青出于蓝而胜于蓝。

徐朝兴：他今年暑假回来，没天天去制作工坊里拉坯。以前回来是要天天拉的，现在因为他明年要考研，要开始备考了，需要先把基础打好。但是这个东西其实我们也不强制他，说一定要学什么专业，走哪条路。其实我是 10 年前就有这个希望，希望他能够传承衣钵，走上做青瓷的道路。他小学五年级的时候，他名字叫徐容昊嘛，我就问："容昊，你长大以后喜欢干什么？"他回答说："爷爷，我要做青瓷。"当时我听到之后不知有多欣慰。但是我怕小孩子只是一时兴起，便总是会问他这个问题。他就说："爷爷，你老是问这个问题干吗？我想好了，做青瓷。"因为小孩子变数很大的，比如今年接触一个同学，很要好，那可能就受他影响、引导，就和同学一起往别的方向发展了。我从那一年起观察了他三年，他一直说要做青瓷，那么我就开始引导他了。我对他说，爷爷我做青瓷，你爸爸也做青瓷，到你是第三代了，算是一种家族使命的传承，也是对青瓷技艺的一种敬畏。你以后走上这条路也会好走一些，是吧。假如说你以后不做青瓷，而且确实成绩很好，考到清华北大，以后去当科学家，去造飞船，到酒泉基地，在那里还需要封闭管理，不能够与外界联系，也不知道几年才能跟我们见一回，那爷爷会很担心的。他说："爷爷，你放心，不会的，我选择青瓷。"

我一直忐忑不安，生怕可能以后又生了变数。结果到了高三的时候，他准备考大学，他有个目标，就是希望在杭州这座城市读大学，其他地方不去，考上清华北大他也不去。因为他认为他是生长在浙江的。我小孙子到三年级的时候才去杭州读书的，初中还是蛮好的，是杭十三中，后面高中是杭二中，算是顶尖的学校了。

他读初中时，以他的成绩是可以保送的，然后他妈妈跟他说直接保送好了，参加考试还要承担风险。他说我不保送，我要自己考，不然的话我这三年就白累了。结果后来他保送的学校和他考的学校是同一所，也就是杭二中。

采访组：那是真的非常优秀了，要考上杭二中这样顶尖的高中，竞争还是很激烈的。

徐朝兴：他学习成绩倒是从小到大一直很好。从小学开始到初中、高中，都是班里、年级里前列的。他如果哪一门课考试考 95 分以下，心情就不好了，就会暗自下决心要追回去，这方面他还是比较有自尊心的。我们家里一直鼓励他去学美术，考中国美院。他是在高三的时候吧，到富阳去修学，就是学画画。

竺聪林：是高二。容昊他是我外甥嘛。他其实高中只学了一年半的时间，高二下学期就直接去修学了，主要学习专业课。一直到高三考试之前两个月才回来。

徐朝兴：他确实文化课还没学完就直接去修专业课了，他专门到富阳去了一年。回来以后考文化课，考了大概630分。有时候跟家里人说成绩，他说，好了想更好，就是没有那些学霸的好。他当时给自己预测的分数是能考到650分左右，他跟他爸爸说如果整个高三让他学的话，预测他能考到690分左右。

采访组：690分，那北大清华也能上了，确实是很优秀，怪不得有底气说要在杭州上大学，哪怕北大清华考起来也不去。

徐朝兴：他从小就没有上过补习班，就初中的时候上过数学课。高中的时候他学校里的老师直接给徐容昊填的清华。老师都公布了，直接在志愿意向表上面填的清华。

采访组：这么好的素质，这么好的文化基础，再继承家里面这个事业，那肯定会是不一样的。

徐朝兴：他奶奶是从他小学三年级到初中，一直在杭州照顾他六年。有时候我到杭州去开会，跟他奶奶交流，他奶奶老是跟我讲，那个小昊他在家都不用功,每天晚上只玩游戏,回家都不做作业的。我讲，他愿意玩就玩吧，不影响学习就行，考得不错就不要管得太严了。

他小时候很喜欢弄木刻，不知道是不是看着我们在陶瓷上刻来刻去受到了熏陶还是什么。他自己到网上把橡皮、刀买来，不停地刻。第一幅完整的木刻是他小学五年级的时候完成的，那时候我还在工坊里拉坯，他走过来说，爷爷，这是我给你刻的，送给你。我当时很感动，现在一想已经是十年前了。

不仅是木刻，他也喜欢画画，我们陶瓷工坊的老厂房四周墙壁上都是他的画，他是今天一笔画一幅，明天一笔画一幅的。这样子有天赋当然跟耳濡目染的生活环境有关系，我那个茶几上好多剪纸都是他剪的，而且有些还剪成了立体。

采访组：这方面真的有点天赋的。

徐朝兴：所以他自己也很笃定要走这条路。一个小孩的成长，对家庭教育有很高的要求，真的需要潜移默化。他可能在我们身边看得多，他小学三年级之前总在厂里玩，每年都有好多陶瓷专业的老师、学生到我这里搞毕业创作。每个人对他都非常熟悉了，大学生们都跟他玩得很开心。

竺聪林：很多中国美院的学生来实习，容昊他就会在那里看他们在干什么，怎么弄，泥巴弄成什么样子，怎么样制坯，怎么样绘画等等。那些大学生都叫他昊哥。现在那些大学生基本都已经成家立业了，他们中很多人还会回来看看我们两位徐大师，然后他们来的时候都会问容昊："昊哥，听说你现在成了我们的学弟，在美院怎么样？"其实像我们家整个家庭对美院是有很多的感情的。一是徐大师当时在美院做毕业设计烧窑，差一点留在了美院；二是徐凌，我姐夫他当时考上的二轻工业设计学校，是美院下属学院的前身，那些校区都还在的，就是现在的艺术设计学院；三是我姐，我姐也是美院研究生，前几年刚刚毕业；四是现在我外甥又考到了美院。然后再加上徐大师的爱徒周武老师，也是美院毕业，他是龙泉人，现在是（中国美术学院）手工艺术学院的院长。所以说中国美院和我们一家几代人之间的关系都是比较密切的。

擎火传薪　回馈社会

采访组：徐老，2006年是您从业五十周年，您在中国美术学院美术馆举办了"徐朝兴五十周年个人回顾展"，这次展览既是对您过去艺术生涯的一个总结，也为扩大龙泉青瓷的社会影响尽了一份力所能及的贡献。您原来是打算在个人展后就退休颐养天年了，但最后您还是出山并担任了浙江省青瓷行业协会会长，继续为龙泉青瓷事业呕心沥血，在青瓷界发挥标杆和指导作用。您能跟我们聊一聊具体的原因吗？

徐朝兴：你们过誉了，这不是我个人的事情，是宣传龙泉青瓷文化的事情。办这次展览既是我对自己艺术人生的一个总结，也是对组织上的一个汇报。所有的一切都由我自己张罗，虽然很费力气，也有很多伤脑筋的事情，但后来的社会效应就逐渐地显现出来了，知名度也越来越大。当时办这次展览的时候，我们的要求是很高的，力求扩大影响力。我们请来了中国工艺美术协会、国际手工业协会的主席，也邀请了全国工艺美术大师评委和人大代表、政协委员，以扩大展览的影响。那时我们的市委书记赵建林刚到龙泉任职，我就把他也请来了。

本来个人展后，我是打算金盆洗手了。出山的最主要原因便是政府对我们这些手艺人的殷切关怀感动了我，2007年年初，赵建林书记召开了工艺美术大师迎春座谈会。会上，赵书记给青瓷、宝剑行业的每位大师都发了一个红包。赵书记这一人性化的举动感动了我，我做了这么多年青瓷，虽然各级政府都十分重视，但是从来没有收到过政府的红包。且不说红包里面有多少钱，最重要的是这份心意实在难得，我当时就觉得心里沉甸甸的。这是一份责任，也是领导的一份寄托。回家之后我打开红包，发现里面居然有5000元。5000元这个数目，对于我们来说已不算什么，随便一件作品都超过这个数，但是这5000元让我眼睛湿润了。如果在经济发达的地方，5000元根本就不算什么，但是龙泉的经济并不发达，政府财政也很困难，这个数目已经是对我们十分尊重了。政府如此重视我们这些老手艺人，我们怎么能就这样享受生活。就在那一刻，我决定重新出山，不为别的，就为回报社会，为龙泉青瓷的发扬光大再做一点力所能及的事情。从那之后，我就一直坚持着每天早晨五点起床开始作品创作，到早上八点半结束，因为八点半之后就不是我的时间了，是要留给整个社会的，留给那些想要学青瓷的年轻人的。

我从1956年开始当学徒，那时候各方面条件都很艰苦，学青瓷太艰难太艰难，整个生产方式都还跟几百年前差不多，每个步骤都得自己来。那时候老师带学徒也非常严格，很多绝活都是不轻易教的，通常都是只讲一下或只演示一遍，后面都要靠你自己。而且那时候很快就遭遇了三年自然灾害，大家都吃不饱。但是再苦再难，我们仿古小组的所有成员都选择迎难而上，在最艰苦的那几年，硬是完成了弟窑、哥窑烧制技术恢复生产的攻关试验。

现在我收徒弟都是倾囊相授,真的。因为我受党的教育这么多年,又是非遗传承人,这个手艺如果不能好好地传承下去,难道还要让我自己带到棺材里去吗?把它传承好、发展好,这是我的责任所在。现在来这里观摩的,无论是同行,还是大专院校的老师、学生,我都毫无保留地指导,整个过程都可以像表演一样展示给你看。

采访组:您的境界真让人敬佩。

竺聪林:确实,像我们老爷子这样老一辈的艺人,他们确实是辛辛苦苦做过来的,也是真正吃苦吃过来的,他们那代人真的是非常非常艰难。所以他们在这种传承、责任上面的感悟和想法和我们肯定是不一样的。他们经历了我们社会跌宕起伏的一段时间,但是他们对这个国家和人民的情感又比其他人都要深,他们对生活和对自己的艺术境界的追求,和现在这些年轻人是完全不一样的。

巧剜明月　神乎其技

采访组:徐老,您怎么理解龙泉青瓷领域里的传承与创新?

徐朝兴:老祖宗在古代那么简陋的条件下都能烧制出如此精美的瓷器,我们首先要把他们这种勤劳、朴实、智慧、勇敢、开拓、创新的精神传承下去。这种精神,是龙泉陶人所必需的品质,离开了这种精神,龙泉青瓷就没有光辉的未来。其次才是技艺上的传承。我们在工艺上要做到精益求精,在创作上要鼓励年轻人推陈出新,体现个性化。但我绝不提倡以所谓"创新"的名义使龙泉青瓷的发展偏离主旋律。青瓷跟建筑一样,俄罗斯的建筑放在中式建筑中就不合适,风格完全不一样。青瓷要保持民族的东西，就像在建筑建造中要保持地形地貌原有的特点。我现在经常给年轻人提的要求，就是要在传统的基础上搞创新，不能偏离龙泉青瓷的根与本，用龙泉的泥，做出龙泉青瓷的特色。作为龙泉青瓷烧制技艺非遗传承人，我有责任和义务引导龙泉青瓷往正确的道路上发展。

采访组：徐老，因为我们想通过一个更偏重于传承的角度去叙述这段青瓷烧制的发展历史，而您不仅仅是国内青瓷界唯一被列入第一批国家级非物质文化遗产项目的代表性传承人，更是拥有众多徒子徒孙的前辈大师，是体现龙泉青瓷烧制技艺师徒"传、帮、带"关系的典型代表。我们印象当中最深刻的一次师徒联合展览就是 2016 年 12 月在北京中国美术馆举办的"青瓷·传承·复兴暨徐朝兴从艺六十周年作品展"。展览分为溯源、重生、守望、励新、拓造五个版块，一共展出了您和您徒弟们的 300 多件代表作品，足见您培养出了许多的业界翘楚。可以说，这次展览就是您的一次育人成果展。

徐朝兴：你们过誉了，传承很重要，技艺是民族的，不是我个人的。这个展览办得确实规模很大，是浙江省文化厅、中国艺术研究院联合主办的。所谓"师傅领进门，修行靠个人"，我的徒弟们能够取得今天这样的成绩，跟他们自己的努力是分不开的。我只是在技术上给他们引引路子，打打基础；在艺术上督促他们要学会创新，要有自己的特色；在做人上要求他们学会真诚、学会勤奋、学会谦虚。

采访组：徐老，您收徒弟有什么标准吗？你平常都是怎样教授技艺，怎样跟徒弟交流的？

徐朝兴：我收徒弟有三个标准，首先要看"德"，就是人品，要有大局意识、团结精神；其次看"悟"，即是不是做青瓷的料；最后才看"艺"，要求技艺已达到一定水平。这是一个门槛，不设置门槛也不行，不然的话反而教不到确实需要的人。总结起来，就是"人贵德，德立品高；艺贵道，道法自然；瓷为魂，魂如清泉；形贵简，简极美生；功贵勤，勤能补拙"。

我的教授方式肯定是实操居多。2007 年以后，我就尽可能地把自己的力量都放在教育和培养上，我的教授面也开始面向社会大众。我经常去徒弟们的工作室、民间作坊、民营企业、学校和其他地方进行调查、讲学和示范。我还被邀请到北京大学、中国美院、丽水学院等高等院校和韩国、日本等国家讲学。也给龙泉中等职业学校陶瓷班上课，有空就去给学生指点、示范。许多高等院校的学生也时常来朝兴青瓷苑实习，我都手把手地教他们各种技艺，现场示范给他们看。

在作品设计上，很多徒弟经常拿自己的作品给我看，说："师傅，您看这件作品能获奖吗？"我就说："首先，不要考虑获不获奖。在展厅里多看看人家的作品，再看看自己的作品，如果认为自己的东西好，人家的东西不好，这就没有进步了。为什么人家能拿金奖，自己却不能拿金奖？差距在哪里？心态放平才能进步。"

采访组：如今，您的徒子徒孙多达 500 余人，更是培养出了中国工艺美术大师陈新华、胡兆雄、卢伟孙，中国美术学院手工艺术学院院长周武，省级工艺美术大师徐凌等数十位杰出的学生。一批批后继者都成了当代龙泉青瓷发展的中坚力量，带动了龙泉青瓷行业的快速发展。您能跟我们聊一聊您最得意的几个弟子吗？

徐朝兴：我对自己要求很严格，教徒弟也是如此。这些年来，向我正式拜师学艺的徒弟有 26 人，学习的时间有长有短，有的由于种种原因改行了，至今仍有 11 个徒弟（包括徐凌跟竺娜亚）在从事陶瓷生产、研究或教学。所以，我很欣赏他们保持到现在的执著精神和干劲。我经常把他们召集起来办展览、搞交流、谈发展、评作品，要他们把最能代表自己水平的作品在展览上展出来，交流工艺技术，相互促进和提高。我还经常强调，我们是一个集体，要有大局观念。

周武是我最喜欢的徒弟之一。他现在是中国美术学院教授、手工艺术学院院长、手工艺术学科带头人、博士生导师，专门从事陶瓷教学与科研创新。陈爱明、卢伟孙、叶小春是中国陶瓷艺术大师，徐晓峰、季有泉、金逸林等几个徒弟都是省、市级工艺美术大师，并都开有自己的青瓷艺术作坊或工作室。另一个在金华的徒弟叫陈新华，非常出色，是婺州窑的掌门人，主持婺州窑青瓷研究所，是高级工艺美术师、婺州窑陶瓷烧制技艺代表性传承人、中国陶瓷艺术大师。我的这些徒弟们，对我真的很尊敬，平时经常来往，也常在一起聚会。他们把作品拿来让我点评，我也经常把自己的作品拿出来让他们观摩。他们的青瓷造型有些做得很好，具有创新性，我就极力地肯定他们、鼓励他们，毕竟他们都是年轻人，需要肯定。但他们如果有哪些地方放弃了传统，基础不牢靠，没做好，我也会给他们指出来。我不会很僵硬地按照老眼光看待徒弟们的现代创作，我还是喜欢他们都能形成自己的风格，但必须要在龙泉青瓷传统工艺的基础上走出来，要具备传统青瓷烧制技艺的基本功。

周武是我在 1983 年收的徒弟，是个很聪明的孩子。当时他书读得不错，收他做徒弟，我真害怕耽误了他的前程。所以我当时劝他说，学做陶瓷是很辛苦的，是要付出一辈子辛劳的，你要有思想准备。同时我也提醒他，有机会还是要去读大学，有了知识，才会把瓷做得更好。周武拜师后，非常认真地跟着我学做瓷器。我对他要求比较严格，甚至很苛刻。举个例子，我教周武学刻牡丹花，开始时他觉得这没有什么，感觉还很好，不到半小时就刻完拿给我看了。我一看，他刻得像鸡爪子一样，没有达到我的要求。一朵牡丹花，我还要刻一个小时呢。于是，我严肃地对他说："你刻的这是什么？线条不流畅，花朵不饱满，高低不平，弯弯曲曲的，重新刻。"他虽然委屈，但还是认真地刻了四个小时，再拿给我看时，就完全不一样了。我看出这个孩子的天分和耐心，很喜欢他，经常把一些精细的活交给他来做，他每次都完成得很好。再后来，他果然不负众望，考上了中国美术学院，毕业后留校工作，一路走到了今天。他还经常对人讲："当时没有师傅的严格要求，我就没有今天的成绩。"

　　陈爱明是我在他办厂的时候认识的。那时他很困难，办厂也没有经验。他通过别人的介绍请我到他的厂子看看。我觉得年轻人出来打拼不容易，就从上垟来到龙泉。他做的青瓷我很有印象，是做得较大的一件青瓷，接口很严密，并且是用手工拉成的，我知道时很惊讶，觉得他是块好料。后来我收他做了徒弟，他经常到我这里来问长问短。我有时就把自己平常积累的东西讲给他听，包括做笔筒如何"看造型"的方法、配釉的方法，他也很用心，不久就做出了很多好的作品。现在陈爱明创作的青瓷很有自己的特色。他比较讲究精致，也擅长造型和装饰。他的作品基本都是比较古朴的造型，装饰上喜欢用线纹，清秀隽永。他在杭州展出的一些作品,造型都比较简练,并且注重与装饰的对比关系。他是个比较宁静的人,对龙泉的自然山水有独特的感悟,对作品的审美心境也就有了一种非常自然的艺术追求。

陈新华是跟我时间最长的一个徒弟,从1973年就跟我学艺。他一直在金华工作,曾是金华古方陶瓷厂的厂长,企业效益不好时,转行搞过雕塑和装潢,把陶瓷专业也丢掉了。现在他重新拾起来,在金华专门搞婺州窑,恢复婺州窑的烧制。虽然中断过一段时间,但他掌握传统工艺是最好的,在徒弟里面他做得也最好,几乎都是大件作品。前几年他搞婺州窑时,我不仅积极鼓励,还大力支持。我说婺州窑是老祖宗的东西,断了那么多年,恢复起来不容易,你要一步步做。一个行业要壮大,只有一两个人在做,是成不了规模的。婺州窑要形成气候,就要不断地培养人才。我跟他讲,你有很深厚的工艺美术基础,恢复婺州窑非你莫属,如果你将婺州窑恢复起来,就会在金华的历史上留下重重的一笔。

卢伟孙是我在青瓷研究所时收的徒弟。他是一个比较执著的人,在艺术上也有这样的精神。他在技工学校学习过,进厂时已经有了一定的基础。在研究所时,他在业务方面孜孜以求,有股子探索劲,不久就掌握了许多技术,逐渐开始创作。他对青瓷的制作过程掌握得比较完整,从泥料到拉坯造型,从釉色到装饰效果,再到窑炉烧制,都一项一项地进行摸索,逐渐形成了自己的风格。他的作品在多次展览和评比中都获得了很好的成绩。他说过,做瓷不是件容易的事,既要有体力,也要有毅力,还要经得起失败。我对他这种理解是有同感的。这个徒弟是有个性的,正因为这种个性,才有他现在这样的艺术成就。

　　叶小春喜欢探索哥窑的"冰裂纹"艺术。他用了很长时间对这方面进行研究，创作出来的作品很有特色。他研制的"冰裂纹"有一层一层的冰裂感，富有层次，晶莹剔透。还有的像鱼鳞，装饰感很强，既天然又神秘，很受人青睐。这样的技术效果，是他用不同的坯料、釉水，并运用不同的烧制方法制作成的。小春这个徒弟在进研究所时，我就让他搞釉料研究。但他又很好学，对拉坯、造型、装饰、烧制，都很上心，也肯钻研，有现在这样的成就，与他这种勤奋和好学是分不开的。

　　我的徒弟们都很优秀，我就不一一介绍了。

　　采访组：我们知道您把传承工作视为头等大事。2009 年 9 月，为庆祝中华人民共和国成立六十周年，由浙江省文化厅、浙江省经济和信息化委员会牵头在杭州历史博物馆举办了"中国工艺美术大师、国家非物质文化遗产龙泉青瓷烧制技艺传承人徐朝兴师徒作品展"，展会的主题就是"龙泉青瓷的传承与延续"，足见您对师徒间技艺传承延续的重视程度。

　　徐朝兴：搞这个活动，除了汇报成果外，主要是想让整个社会加深对龙泉青瓷的认识，尤其是对非物质文化遗产的认识。我和我的弟子们在杭州搭建这个平台，就是要相互学习，形成一个团队意识。我们建立了基金会，每个人拿几万块钱，放在一起共同使用。包括办这个展览，我们没向政府要一分钱，都是基金会的钱。平时我们还搞一些小型聚会，一方面是联络感情，一方面是作品交流，效果都很好。在聚会时，对那些雷同的作品、做得不好的作品，以及那些工艺不对的地方，都一一指出来，甚至口沿过大、把手过小等一些具体细节，也都会实实在在地指出来，以提高每个人的制作技艺。这个展览我们策划了将近一年，参展个人每人要出 20 件作品。

采访组：2009 年，龙泉青瓷传统烧制技艺被联合国教科文组织正式列入人类非物质文化遗产代表作名录，成为全球第一个入选人类非遗的陶瓷类项目。鉴于龙泉青瓷在全世界的影响力和地位，上海世博会中国元素活动区专门设立了龙泉青瓷传习项目，2010 年 5 月间共有 9 位青瓷大师轮流亮相展示，推广青瓷文化，您就是其中一位，您能讲讲当时的情况吗？

徐朝兴：就是在宝钢大舞台表演拉坯、修胎、跳刀等青瓷技艺，我是首场展示，当时很多人都驻足观看，还有很多老外。有这种机会我是肯定会主动参与的。正如我前面说的，如果有人愿意学愿意看，那我把整个过程表演给他看都可以。不仅是社会上的，前面也提了一嘴，学校里青瓷技艺后备人才的培养与成长，我也时刻关注着。我现在依然是龙泉市中等职业学校和丽水学院中国青瓷学院陶瓷艺术设计专业特聘的客座教授。

采访组：您在传承和发扬龙泉青瓷烧制技艺上真的是已经达到了无私的境界了。我们知道您还与那些刚刚进入青瓷世界大门的中学生们有过很多故事，您一直在帮助一个叫连萍芳的学生，您能详细说说吗？

徐朝兴：那是 2010 年，我接到龙泉一中一个学生的电话，那个学生说他们老师布置了一个课题——写龙泉青瓷的历史与现状。他们百思不得其解，于是就说只好求助在他们心目中最神圣和权威的我。我听罢就在周末的时候把他们约来家里，有 19 个学生，我把他们请到工作室，跟他们详细讲解了龙泉青瓷的来龙去脉，并且勉励他们珍惜大好时光，好好学习。

临走前，一位学生提议与我合影留念，可是学生的手机取景范围太小，怎么也不能把人全拍进去。于是，我拿出自己从日本买回来的相机与学生们合影，又叫徐凌拿去冲洗，给他们每人都洗了一份。

当时小连因为自身的原因，没能来参加这次聚会。晚上她给我发了一条信息："徐爷爷，您好。我是一个来自乡下的女孩，很遗憾我今天没能拜访您。听同学们讲述您的点点滴滴，我感觉很温暖。谢谢您。——一个无缘见到你的普通一中学生连萍芳。"我见到短信之后马上回了信息："小连同学，虽然你今天没有来，但我不会让你失望的，我一定约见你。"第二个周末我约她见面，同样为她讲述了青瓷的历史和现状。我觉得小连很懂事，就经常邀请她来家里做客。几次下来，我发现她每次来都穿同一件单薄的衣服。当时已经是大冬天了，于是我掏出两百块钱给她买了件羽绒服。她父母得知此事，便叫她送来 20 个土鸡蛋和 1 壶家酿老酒。虽然东西不值钱，但却代表着一份感情。一个学生怀着期盼的心情来见我，我能对她讲几句话，对她的人生有帮助，这就是我莫大的收获。后来我去看望她们一家，发现她家里条件确实困难，于是把口袋里面的几千块钱都留给他们了，并且对小连允诺："如果你考上大学，我来出学费；如果考不上就在我身边学青瓷吧。"后面我马上跟安仁镇政府联系，他们家在安仁嘛，想帮助她们家搬迁盖新房，最终她们家获得了安仁镇的地基。后来小连她考入了宁波的浙江万里学院，学费每年要 1.9 万元。那我说这个钱我来出，大学肯定是要上的。其实我自己当时也在扩建工厂，投了很多钱，也挺困难的。

采访组：您真的无愧于大师称号。我们知道您在面对荣誉的时候，总是非常谦虚，哪怕是面对中国非物质文化遗产保护中心授予的

"中华非物质文化遗产传承人薪传奖"这样的殊荣，依然十分谦虚地说："龙泉人民把荣誉、鲜花、掌声送给我，尤其是龙泉青瓷入选'非遗'以后，我作为传承人，深感责任重大，任重道远。因此我要千方百计做好'传、帮、带'工作，并时时要求自己要有艺有德，为传承龙泉青瓷文化、培养后备人才以身作则，从我做起。"而您也马上将这一句话付诸行动，从 2012 年开始，在龙泉市中职校设立了"徐朝兴奖学金"，您能说一说这件事吗？

徐朝兴：青瓷的未来需要年轻一辈去努力，我能指导指导与从旁协助，对于我本人来说，现在真的很知足了。这个奖学金是给那些就读于青瓷专业的优秀或贫困的学生，每人 3000 元奖励，每年10 名，具体评选事宜由中职校负责。设立"徐朝兴奖学金"，是我深思熟虑的结果，该项奖学金旨在传承龙泉青瓷技艺，弘扬龙泉青瓷文化，鼓励有志于学习掌握青瓷文化和技艺的在校学生，做到品学兼优、力争上游、努力成才。我会像传承龙泉青瓷传统技艺一样，将这个奖学金一直延续下去。

采访组：徐老，你做青瓷有什么感受？

徐朝兴：我做青瓷很快乐，但是也有痛苦的煎熬。我做作品，从拉坯、修坯、装饰到上好釉进窑烧，烧好后窑温还没有降下来，那时守在窑门前的耐心的等待过程是一种痛苦的煎熬，主要是怕窑门开早了伤害到还没出窑的青瓷。这种等待，就如同期待自己的妻子在房间里生孩子一样，心里忐忑不安。开窑门时，如果出窑的作品成功率比较高，那那天的心情就很愉悦，有成就感。如果出窑的作品成功率较低，那那天的心情就受到影响，会前功尽弃，白费工夫。但是我们做瓷人，已具备了这种"抗体"，因为青瓷是火的艺术，不可能做一件就能烧成一件，要有随时随地重新开始的思想准备。

采访组：徐老，您如何看待"工匠精神"？什么问题是值得关注和反思的？

徐朝兴："工匠精神"第一要执著，第二要坚守，第三要传承。我前面也说了，传承首先要注重精神层面，以德为先，然后才是工艺的问题。只有看明白这一点，才能真正理解如何在传承的基础上进行创新。龙泉青瓷在造型上有着非常传统的美学特征，主要体现在简约、大方和朴实的艺术情趣上。现代许多年轻艺人之所以做出来的青瓷造型不协调，甚至出现作品头重脚轻的情况，关键因素就是对古代青瓷的研究不多，对造型艺术认识不到位。

现在很多有钱人想通过龙泉青瓷赚更多的钱，但他们没有任何瓷器的烧制技术，而龙泉本地但凡有些技术的人也都开了自己的工作室或工厂。这些有钱人便雇佣完全不懂龙泉青瓷烧制技艺的人进入这个领域，烧制生产所谓的"龙泉青瓷"。有的人甚至为了产品好看，会在烧出来的青瓷上画上一朵鲜艳的牡丹花，再衬上几片翠绿的叶子。但就如同只有绍兴鉴湖的水才能酿出著名的绍兴黄酒一样，龙泉的水、龙泉的瓷土、龙泉的烧制技术和龙泉青瓷独特的造型与装饰，几方面综合在一起才能成就著名的龙泉青瓷。如果把外来的瓷土、釉色、造型等嫁接到龙泉青瓷上，反而会丢掉龙泉青瓷本身的元素，那就不再是龙泉青瓷了，这样的粗制滥造是要砸掉龙泉青瓷这块牌子的。

在这一点上，我们一定要把它引导回来。青瓷是很简练的，如果在造型和装饰上添加那些花里胡哨的东西，在我这里搞展览、搞评比要拿奖是绝对行不通的。

采访组：您一路走来，对龙泉青瓷的现代复兴有着举足轻重的作用，在这个过程中，您恢复了很多已经失传了的烧造技艺和器型，并且对许多工艺进行了改造和创新，形成了自己独有的风格，比如哥弟窑的混合及绞胎纹、精彩绝伦的跳刀技艺等等。您能给我们讲讲这些技艺本身以及创造它们的背后故事吗？

徐朝兴：说到技术的创新，20世纪60年代，我最大的成就，就是用石膏直接制作模母，这算是对青瓷制作行业的一个创新。之前老模母的制作工艺已经延续几百年了。当时需要先做模型，然后素烧，完事之后再翻石膏模型，这样不仅耗时，而且容易失败。我就开始研究直接用石膏做模母，用了三四个月做试验，有时甚至整晚不睡觉，最后终于成功了。

后来对我影响比较深的，还有中央美术学院的张守智教授。他在上世纪80年代时跟我说，你搞了这么多年的研究，传统根基比较深，现在整个社会上流行比较时尚抽象的东西，你不要去搞这些陶艺，跟国外比比不过的，你还是要在传统上搞创新。这样的话影响了我后面的创作。总体上来说，我的作品是相对比较传统的，但是在传统上要搞创新，这就是我一直以来的目标。像哥弟混合、哥弟绞胎、露胎装饰、点缀纹片、灰釉跳刀等等，都是后面搞出来的东西。

采访组：您比较擅长哥弟泥混合拉坯，这也是您在拉坯技艺中主要的创新体现，关于这个，您可以展开说一下吗？

徐朝兴：哥弟泥混合拉坯成型的绞胎纹就是拉坯成型时利用不同颜色、不同性质的原料直接进行装饰的一种手工技艺。经过绞胎成型的坯体内外都有绞胎纹饰，并且非常自然，这是由于哥窑和弟窑使用两种颜色不同的胎泥而形成的。比如紫金土和白瓷土在一起进行绞胎，烧制后就会形成黑白相间、互相映衬的自然纹饰。这些自然纹饰的形状近似于木纹、水纹、云纹、羽毛纹等，颜色细腻、柔和、含蓄，在粉青、梅子青釉的渲染下，更是多姿多彩、剔透玲珑。这就是经过传统工艺烧制出的青瓷特征。哥弟窑瓷器形成不同的风格，实际上就是两种不同的胎泥原料在烧成之后产生的不同效果。从技术工艺上讲，在选取瓷泥的时候，得把哥窑泥和弟窑泥两种不同性质的坯料混在一起搅拌，多次搅拌均匀后，再以手工揉泥，使哥窑泥和弟窑泥紧紧融合在一起，然后进行拉坯。拉坯成型后晾干，再经过素烧，绞胎纹饰就逐步自然地显现出来了。

采访组：您对青瓷釉色一直有很高的要求，尤其是发色要纯正。这里面是有什么原因吗？

徐朝兴：青瓷的釉色，发色要纯正，要有类玉的感觉。我们要发掘中国传统青瓷釉色之美的本质，将传统的梅子青釉、粉青釉、青釉，也包括灰釉等，进行更为纯化的配制，比照类玉的标准，提炼出既具有传统青瓷釉色之美，又具有现代青瓷釉色之美的青瓷釉色，至纯至精、类玉类冰。不能像粉质颜料调出来的色彩感，要像水质颜料那样，有薄透、明澈、清快之感。对于玉，中国的传统文化赋予它独特的含义。《礼记·聘义》里有孔子论玉的一段话："夫昔者君子比德于玉焉。温润而泽，仁也；缜密以栗，知也；廉而不刿，义也；垂之如队，礼也；叩之其声清越以长，其终诎然，乐也；瑕不掩瑜、瑜不掩瑕，忠也；孚尹旁达，信也；气如白虹，天也；精神见于山川，地也；圭璋特达，德也。"《诗经》里说的"温其如玉",也是这个意思。

采访组：哥窑开片一直是龙泉青瓷当中难以解决的难题，困扰了青瓷界 1000 多年，而这个问题在您和您的师傅李怀德老先生那里得到了很好的解决，您能详细说一说吗？

徐朝兴：我在哥窑开片技艺的探究上较同行走得更早。早在 20 世纪 60 年代，我在龙泉瓷厂做仿古瓷时，就注意到了哥窑青瓷开片技术。在揣摩开片的天然象形时，我也对如何在烧制中控制开片的形状产生了兴趣，那时我和李怀德师傅一起研究人工控制象形开片技术。按常理，哥窑青瓷如果控制好胎的配方，就可以使釉面开片或不开片、开大片或开小片，但这种技术只能控制釉面开片面积的大小与开不开片的问题，还不能控制开片形状，使之开出有预想效果的某种象形的开片。带着这些工艺问题与革新目的，我与师傅李怀德一起，不知进行了多少次试验，终于发现烧成的青瓷在炉中加热并逐渐上升到适当温度时，遇冷就会形成开片，这是解决人工控制象形开片问题的关键。于是，我们利用烧成的瓷器进行二次加热，到一定温度时用冷热崩瓷的原理蘸水进行象形开片。

采访组：您在青瓷绞胎装饰技术上也有很大的创新，您可以简要地谈一谈吗？

徐朝兴：青瓷在唐代出现了绞胎装饰技术，绞胎就是将两块不同颜色的胎泥交错着糅合在一起，然后把搅拌后的胎泥拉坯成型，或是做成薄片粘贴在器皿上。不同的胎泥可以搅拌成木纹、云纹、流水纹等多种样式，我当时发现白色和褐色的胎泥搅拌在一起有很好的效果。最有特点的就是绞胎纹花瓶，是用不同颜色的胎泥搅拌在一起制成的装饰瓷器。我对青瓷的技术革新，都是在这样不断的试验中完成的。

采访组： 徐老，跳刀原本是古人在修坯时的一种失误，但经过您的不断摸索使它成为一种新的独特的刀法。跳刀也成了您的拿手绝活，通常一件作品就要跳上万刀。跳刀的时候必须全神贯注，一丝一毫也不能分心，是非常考验一个人的雕刻工艺的。据说有一次您在跳刀的时候，老厂长找您，叫了您好多声，一直从门口走到您身后，但您一直纹丝不动，直到雕刻完成之后才起身去向他道歉。您可以跟我们介绍一下跳刀技法吗？

徐朝兴： 是的，确实有这么一件事情。跳刀也叫抖刀，是在拉坯成型时，通过手的抖动与震颤，使修坯刀与在转轮上旋转的陶坯进行接触，形成有规则的点状痕迹和有序的纹理。跳刀不是我首创，其实在古代，跳刀确实是传统修坯过程中的瑕疵，且原来的设备是脚踩土轱辘，转速时快时慢、断断续续，跳动的纹路也往往没有连续性和章法。很多时候，跳刀是由于修坯师傅的技术不熟练造成的，因为在修坯过程中没有控制好刀，刀被不时地弹起，从而在坯体上留下各种痕迹。但是我从中找到了灵感，将不可控变成可控，变成一门技术。所以前人的跳刀比较粗犷，而我苦练出来的跳刀技术却是独树一帜，花纹细密有致，犹如机器雕刻一般，却又比机刻多了一分灵动。在前辈匠人技艺的基础上，经过我的改造，跳刀成了一种装饰手法，成了一种重要的艺术语言。

要想达到预想效果，刀头部分需有一定的弧度和弹性，因此我改良了修坯刀。跳刀的时候，还要全身心投入，不能有任何一丝分心，也不能受到任何干扰，些微的小失误就会造成整件作品的残缺。为了防止外人打扰，多年以来，我总习惯于早晨五点到八点，在许多人还在睡梦之时开工。这段时间空气好，人刚刚休息过精神状态好，心无杂念，这样才能"抖"出好的作品。在短短一两分钟之内，就要在坯体上留下成千上万刀，用"剐""刻""拉"等技法，将千"线"万"点"通过特殊的排列与组合划刻在坯体上，使坯体上的斜纹由短到长、由密到疏，从而形成独特的跳刀纹饰。

跳刀尤其需要心手相合，是精气神的体现，思想需要高度集中。首先心要静下来，假如我中午喝了酒，或者刚跑完步，心静不下来，跳刀就跳不好，甚至呼吸都会影响走刀。跳刀的时候，周边的环境要特别静，手上拿的工具不能太紧或太松，拿工具的角度、轱辘转速的快慢都非常讲究。

跳刀不仅是一种技艺的展现，更是匠人独特艺术心境的展现。这门技艺上手很快，跳得好却很难，就像写字一样，写字容易，写得好很难。不是所有的人都能够经得起这样的磨炼，跳刀需要长年的积累，不是一两年就能达到理想的效果的。我练了十五六年跳刀，才达到现在的水平。台上一分钟，台下十年功。很多人来找我拜师学习跳刀，没学几天就回去了。浮躁的人最终也只能学得皮毛，这个工艺还是需要静下心来潜心练习的。

采访组：徐老，从业 65 年间，您制作了许许多多的作品，有许许多多的代表作被中外各大博物馆收藏，或者作为国礼赠送给外国领导人，不少作品都在陶瓷界拥有巨大的影响力，成为青瓷史上的经典作品。比如前面谈到过的《52 厘米迎宾大挂盘》，再比如《中美友好玲珑灯》，就曾经被选中作为国礼送给了时任美国总统卡特，成为中美交往史上的一个见证。你能跟我们讲一讲这件《中美友好玲珑灯》背后的故事吗?

徐朝兴:这件作品确实是我青瓷制作生涯中不得不提的一件。这个作品的诞生不仅产生了巨大的社会影响,也让龙泉青瓷在国际上名声大噪。我设计的这款玲珑灯实际上是一件装饰性很强的日用青瓷灯具。在灯具造型上综合运用了刻花、镂空、雕饰、堆塑等各种艺术手法,将一个梅子青釉色的青瓷灯罩装饰得玲珑剔透、轻盈华美。做这个作品时刚好是中美建交,那时候也是突发奇想,我设计了中国少女和美国少女两个形象,四个开面,一边是中美,一边是友好,构思比较巧妙,突出了它的思想含义。此外我还运用玲珑灯的灯光,巧妙地将青瓷灯体上镂空雕制的中国传统图案映射出来,形成一种清透明快、皎洁温馨的视觉感受与环境氛围。现在这件作品被收藏于美国白宫。1979年,我还做了另外一个《梅兰竹菊玲珑灯》,这是一个美国商人定制的。他很有经济头脑,看到白宫有一个《中美友好玲珑灯》,就让我改动一下,把原来的人物装饰改成了梅兰竹菊四季花,其他造型完全一样,也很精美。20世纪70年代尼克松访华时,上面要做餐具,给我们瓷厂45天时间,我们每天都要干到深夜十一二点,当时那批模具都出自我手。我做模具是很快的,还要刻花。那段时间领导每天晚上都来看,还说同志们辛苦,不要累着。其实我们每天都在拼命地干,我们也知道领导不放心,但最后我们还是顺利地完成了任务,受到了表扬。

采访组:您的《哥弟混合三环瓶》在龙泉青瓷史上是可以被称为划时代的一个作品。您创造性地在一件作品当中同时融合了哥窑和弟窑的技法,创作出了一件全新的龙泉青瓷作品。您可以说一说这件作品吗?

徐朝兴：划时代这个词可能有点大，但上世纪 90 年代烧制的《哥弟混合三环瓶》确实是一件将我自己的一个大胆想法实践成功的作品。我从很早就开始有要把哥窑跟弟窑技法融合到一件作品中的想法，哥窑和弟窑烧制的青瓷截然不同，哥窑瓷器胎质呈黑色，釉色呈青灰色，釉面有细密的开片；弟窑瓷器胎质呈白色，釉色呈粉青、梅子青色。两者烧制时的收缩率也相差甚多，所以自古以来鲜有人能将两者完美融合。我在哥窑弟窑之间进行着一种整合性的探索，在掌握古瓷传统绞胎烧制技术的基础上进行革新，将哥窑和弟窑的胎泥混合在一起拉坯成型。烧制过程中虽然遇到很多挫折与失败，但我从不言败。最终在第五次烧制的时候，成功制作出了完美的《哥弟混合三环瓶》。这件作品不仅有哥窑天然开片的纹路之美，也有弟窑粉青釉色的朦胧之美，灰青淡雅、温润如玉，后来被中国工艺美术馆收藏。还有一件是《哥弟混合吉祥如意瓶》，这是一件近一米高的大型青瓷作品，制作于2003 年。我没有像过去一样，把瓶体造型设计成圆形，而是将瓶体设计成两个平面，两边用齿状的如意纹组合。在素烧前，我运用雕、镂、刻等手法进行细致的装饰。在上釉工艺中，我以哥弟窑混合施釉技法上釉，然后再用高温烧成。这件作品烧出来后很成功，哥弟窑混合技术非常自然，开片浑朴自然，釉色晶莹秀润，有取自天工之美的感觉。后来我又做了一件类似的作品，陈列于人民大会堂浙江厅。

采访组：2005 年第 1 期的《中国工艺美术》杂志把您的作品《仿宋五管瓶》的照片放在了封面刊发，在陶瓷界反响很大。您能跟我们讲讲创作这件作品背后的故事吗？

徐朝兴：我拉坯的典型之作确实当数《仿宋五管瓶》。2002 年年底，大家都准备办年货了，沉浸在节日的气氛中，我则对古代的五管瓶发生了兴趣，考虑试制。我曾经翻阅过青瓷史，知道五管瓶是龙泉青瓷中一种精美而有名的器型，它最早的原型是一种叫做"五孔罐"的谷仓，在西晋时作为随葬冥器。北宋时期的龙泉青瓷，釉色淡青、釉层较薄，肩部边缘安有荷茎状的直立的五管，显示出制瓷工匠们在造型上不拘一格的构思，制作极其精巧。到了南宋时期，龙泉窑烧造出闻名于世的粉青釉青瓷。与此同时，器型也在不断发展演变，以后又烧造出龙虎瓶这样的器型。龙虎瓶实际上就是由多管瓶发展而来的一个实物例证。

在古青瓷中，五管瓶、多管瓶和后来出现的龙虎瓶都是具有时代特点的重要器型。我在仿宋朝五管瓶的同时，也试图在釉色和造型上进行新的探索，形成新的技艺。尽管制作五管瓶的难度很大，但一定要去尝试，我制作出来的五管瓶一定要超过古人。我知道，青瓷的材料、釉料等都取材于自然界，原料取自土、烧火取自木、温度取自火、制作取自水、品质取自金，可谓是融金、木、水、火、土于一身。五管瓶的制作，要有这些内涵。所以我在釉色、材质、造型、烧制和其他工艺中，尽量发掘其中的古典意蕴，塑造高雅、雍容之态，追求纯情、骨感之美。我在汲取北宋龙泉五管瓶造型基本结构的同时，将五管瓶复杂的结构处理得大气简洁、严谨庄重。五管瓶用梅子青釉色，以白瓷土为原料，瓶高 27 厘米，直径 13 厘米，强调五管与瓶体的内在结构关系，使五管与瓶体结构线条纵横呼应，从而形成形体简洁、纹饰大方、结构明确的特色。再加上梅子青釉色类玉般的晶莹剔透和温润清秀之感，使人在五管之挺俊、瓶体之雍容、釉色之清透、纹饰之捭阖中，既感受到北宋古瓷的技术匠意与思想幽情，也触摸到今人仿古的精神意蕴与坦荡性情，给人一种独特而神秘的视觉感受与审美体验。后来应收藏人士的极力要求，这只《仿宋五管瓶》又被送到了在北京和平宾馆举行的中工美春季瓷器杂项拍卖会上，最终以高价售出，创下了当时陶瓷艺术品的单件最高价。

采访组：业内有很多人说您的《刻花大粉盒》最能体现您精湛的制瓷技艺和对泥性的把握，您能再说一说这件作品吗？

徐朝兴：我制作的《刻花大粉盒》一直是我爱不释手的作品。《大粉盒》碧玉般的青瓷釉面无一个"针眼"，这种达到"秘色"最高境界的北宋青碧釉，是经我多年研制才恢复成功的。这件作品虽然仿造了南宋古青瓷器皿的样式，但我在造型和纹饰上还是进行了有意识的创新，刻花流畅，半刀泥技法娴熟。这还不算是最满意的，最满意的是粉盒上下两部分之间的间隙，可谓天衣无缝、滴水不漏。将粉盒上下两部分的子母口的间隙注上水后，它可以自由旋转，而水却不溢出。你要打开盖子，就需要用刀片撬开。这种效果是很难达到的，中间要经过拉坯、装饰、上釉、烧制等多个环节，任何一个环节出现错误，都不会有这种效果，万个难有其一。许多陶瓷专家都非常惊叹粉盒上下两部分之间的严密与精密。2006年这件作品在景德镇展出时，有位陶瓷收藏家向我出价80万元，我都没有舍得出手。

采访组：您能再说说您对龙泉青瓷的审美以及怎样去鉴赏一件龙泉青瓷作品吗？

徐朝兴：好的。中国青瓷文化发展到宋元，随着粉青釉和梅子青釉的烧制成功，龙泉青瓷开始登上青瓷历史的一个高峰。它有着很高的审美层次和深厚的人文底蕴。龙泉青瓷的美主要体现在造型简约、釉色纯正和制作精细上。青瓷的造型要达到至美，既要继承古代青瓷传统造型的古朴、典雅、厚重感，也要在传统的基础上结合现代审美观念进行创新，形成简约、变化、精炼的造型。

我认为一件好的青瓷作品要具备三个要素：第一，造型，不同于景德镇白瓷可以用彩绘装饰，上面可以是人物、山水画等，龙泉青瓷没有彩绘图案，最注重造型；第二，釉色，青瓷的釉色就像人的皮肤，体现作品的细腻和质感；第三，工艺，制作要精。相应的，欣赏一件龙泉青瓷作品，首先也要看造型，造型是神态，也是最先打动人的地方。所以对我们手艺人来说，设计出好的青瓷造型就意味着迈出了成功的第一步。其次是看釉色，釉色好比气色，对于青瓷而言，变化没有白瓷和彩瓷那么多，后两者可以有多种色彩。但就是一种青色，同样可以随厚薄而变化。最后才是看工艺，即是否精湛。青瓷造型漂亮、釉色丰富饱满，人们才会忍不住把玩，进而观察它的做工、细节、工艺是否精致。

采访组：徐老，您是否有思考过龙泉青瓷如何实现由今对古的超越这个问题？

徐朝兴：龙泉青瓷如何实现超越？这是个严肃的课题，它对繁荣当代龙泉青瓷意义重大。我一直在琢磨、在思考。我想，面对时代的发展、科技的进步、人们审美观念的变化，青瓷创作必须求新求变，在推陈出新上有所动作、有所作为。龙泉这块土地上有如此珍贵的东西，让它代代相传、发扬光大，我们责无旁贷。青瓷艺术有着深厚的历史文化底蕴，这些传统的东西是现代陶艺生存发展的根基。我们要继承龙泉青瓷的传统造型及工艺,在此基础上进行创新,实现对传统的跨越。

采访组:徐老,我们再说几句题外话。我们看您虽已近耄耋之年,但仍然精神矍铄,这也是龙泉青瓷界的幸事。在青瓷事业上这么多年辛苦付出,日夜不停地操劳,您还能保持这么好的精神状态,这么健康的身体,在生活中是有什么养生的诀窍吗?

徐朝兴:诀窍谈不上,不过现在能够拥有良好的心态和健康的身体,都源于我自己一套独特的运动心法,加上长期坚持进行体育运动。我从小就喜欢民间体育运动,如翻跟头、打篮球、滚铁环、跳山羊等。冬天我会穿着背心和短裤,每天跑上几公里,还用冷水洗澡。每当工作中感到疲惫时,总会不自觉地用一些运动健身手法对全身进行调节打理,如用揉腹功来提升精气神。前不久,浙江大学传媒与国际文化学院的工作人员来我工作室进行采访,拍摄期间,一位浙大留学生主动提出要跟我掰手腕。结果谁都没想到,我轻松胜出。曾经还有三位日本陶艺家出于对龙泉青瓷的喜好而慕名拜访我,其间我和他们三位聊到掰手腕,三人向我发起挑战,结果也都没掰过我。其实我们做陶瓷的,经常要拉坯,手劲都大得很,尤其像我要做很多大件的作品,非常考验力道。一般人跟我们掰手腕,肯定是掰不过的。正因为有着这些良好的运动习惯,使得我的艺术生命得以这么长久,现在的年轻手工艺人更应该注意这一点,要每天都坚持锻炼。

采访组:您从艺65年来,淡泊名利,一直自称是一名老陶工。您在传承和发展青瓷烧制技艺之余,还悟创了徐氏书法体,字体圆融,朴素自然,已然达到返璞归真的境界,具有独特的鉴赏及收藏价值。您能说一说您的书法吗?

徐朝兴：谬赞了，哪里称得上什么体？写字这个事情我是一天也没有专门学过，每个字都是自己的体悟。可能是因为有美术功底的原因，所以比较顺手，我是就这样子写，结果很多人都说我的字写得还不错，很有禅味，有开悟的味道。我自己觉得随心便是最好。

采访组：徐老，我们看到过一则报道，说有一次您需要提取指纹，结果发现因为长时间做瓷导致所有的指纹都被磨掉了。您能具体说一说吗？

徐朝兴：是的，有一次我和老伴要去住酒店，需要提取指纹，几根手指都提取不了，服务员说："徐大师，您手上有汗。"但是用纸巾擦干净后还是按不出来，又用抹布擦，还是提取不了指纹，换了很多次，十个指头都按不出指纹。看着一双没有指纹的手，我这才反应过来是自己长年累月跟泥巴接触，指纹已经被磨掉了。但这才是工匠的手，手艺人的手，走到今天我付出了很多，也收获了很多，虽然磨去了指纹，却能换回精彩的青瓷人生，这值得！

采访组：徐老，我们要问的差不多都问完了，谢谢徐老、徐凌老师、竺聪林先生能够接受我们的采访。祝徐老您健康长寿，在未来能够更多地为龙泉青瓷的发展提供指导性的意见，更好地发挥余热，把精湛的龙泉青瓷烧制技艺传播给更多需要的人。

采访组与徐朝兴合影

徐朝兴年谱

1943年3月21日，出生于浙江龙泉丁字街口"同福堂"药店。

1956年，进入上垟龙泉国营瓷厂三分厂，拜青瓷老艺人毛声后为师。

1958年，转入龙泉国营瓷厂仿古小组，从事龙泉青瓷的恢复与研制工作，拜已故著名青瓷老艺人李怀德大师为师。

1963年，应邀至浙江美术学院（现中国美术学院）对毕业生设计作品进行教学辅导。

1975年，进入龙泉青瓷研究所，从事新产品设计与研制工作。

1979年，作品《中美友好玲珑灯》作为外交部国礼赠送美国总统，现收藏于美国白宫。

1980年，从普通员工跨升六级出任龙泉青瓷研究所所长。

1981年，作品《1.3米迎春大花瓶》被北京人民大会堂收藏。

1982年，作品《52厘米迎宾大挂盘》获第二届全国陶瓷艺术设计创新评比一等奖、艺术瓷总分第一名，其工艺难度超过历史水平，被誉为当代"国宝"。现收藏于北京中南海紫光阁。

1985年，获"浙江省劳动模范"称号。

1986年，作品《33件云凤组合餐具》获第三届全国陶瓷艺术设计创新评比一等奖、日用瓷总分第一名，投产后为龙泉瓷厂取得巨大收益。同年获"浙江省自学成才者"称号。

1988年，获全国"五一劳动奖章"。由中国科学技术协会授予"全国优秀科技工作者"称号。

1989 年，任龙泉青瓷研究所总工艺美术师。

1990 年，作品《绞胎斗笠碗》获第四届全国陶瓷艺术设计创新评比二等奖。

1991 年，获"浙江省工艺美术大师"称号。

1993 年，当选为第八届全国人大代表。

1994 年，作品《65 厘米哥弟混合梅瓶》获第五届陶瓷艺术设计创新评比二等奖，现陈列于北京人民大会堂浙江厅。作品《30 厘米露胎刻花瓶》等应邀参加新加坡龙泉青瓷展。

1996 年，获"中国工艺美术大师"称号。创建龙泉瓷企"朝兴青瓷苑"。

1998 年，当选为第九届全国人大代表。任第二届浙江省工艺美术大师评委。作品《点缀纹片蒜头瓶》被国家领导人收藏。

1999 年，作品《66 厘米万邦昌盛吉庆瓶》被北京人民大会堂收藏。

2000 年，作品《哥弟混合三环瓶》被中国工艺美术馆收藏。参加龙泉青瓷精品展（杭州）。

2001 年，应邀赴韩国参加第六届韩国康津中韩青瓷文化交流，发表《龙泉青瓷——古今》学术演讲。参加龙泉青瓷精品展（上海）。

2002 年，任第七届全国陶瓷艺术设计创新评比评委。作品《灰釉牡丹碗》被北京大学赛克勒考古与艺术博物馆收藏。参加龙泉青瓷精品展（北京）。

2004 年，作品《灰釉水波碗》参加第四届中国当代陶艺家作品双年展，后被中国美术学院收藏。作品《哥弟混合吉祥如意瓶》被北京人民大会堂收藏。同年参加广东佛山"全国陶瓷高峰"论坛并作演讲。

担任杭州西湖博览会"中国工艺美术大师精品展"评委。

2005年，作品《仿宋五管瓶》刊登于《中国工艺美术》杂志2005年第1期封面。参加在北京人民大会堂举行的"中华文化名家"邮票首发式。应邀参加北京大学"走进北大与文化名家交流"演讲。

2006年，参加"中国美术馆陶瓷艺术邀请展"，作品《群猴挂盘》《灰釉水波碗》被中国美术馆收藏。于中国美术学院美术馆举办"徐朝兴从艺五十周年回顾展"。

2007年，被评为国家级非物质文化遗产龙泉青瓷传统烧制技艺代表性传承人。当选为浙江省青瓷行业协会会长。应邀参加在北京人民大会堂召开的世界地理标志大会。

2008年，由国家知识产权局授予"中国知识产权文化大使"称号。文章《龙泉青瓷的古今发展》发表于《中国陶艺家》2008年第2期。

2009年，获"国家非物质文化遗产先进工作者"称号。"龙泉青瓷——徐朝兴及其子女作品展"在北京爱家国际收藏品交流市场开展。参加在杭州历史博物馆举办的"传承与延续——国家非物质文化遗产龙泉青瓷展"。

2011年，应邀在上海世博会中国元素活动区做现场技艺表演。在北京、山东等地参加国家非物质文化遗产展示活动，并做现场演示。龙泉青瓷文化创意基地大师园一期工程交付使用，一家人搬入大师园中的"朝兴苑"。赴法国巴黎参加国际陶瓷大会，两件龙泉青瓷作品在法国展出。应浙江省工艺美术行业协会邀请在杭州为省级工艺美术大师讲学。

2012年，被中国非物质文化遗产保护中心授予"中华非物质文化遗产传承人薪传奖"。在龙泉市中职校出资设立"徐朝兴奖学金",分设龙泉青瓷技艺奖、陶瓷技能文化综合奖,并启动首届颁奖仪式。

2013 年,图书《青之梦 瓷之道:徐朝兴师徒精品集》出版。

2014 年,当选 2013 年度"浙江省非物质文化遗产保护十大新闻人物",该项评选是浙江全省非遗保护的至高荣誉。

2016 年,获"亚太地区手工艺大师"称号。该项评选由世界手工艺理事会亚太地区分会组织,徐朝兴以《影青"书法"笔筒》《青釉几何纹饰瓶》《灰釉菱口大碗》等作品参选,是自 2008 年评选以来首次获得该称号的龙泉青瓷艺术家。同年,参与并完成龙泉青瓷论文集《上手:一场有关青瓷的跨界对话》的出版。

2017 年,徐朝兴文艺大师工作室落户慈溪市上越陶艺研究所。向筹建中的浙江省非物质文化遗产馆捐赠非遗藏品,是浙江省非遗馆接受的首批藏品。在中国美术馆举办"青瓷·传承·复兴暨徐朝兴从艺六十周年作品展",作品集《青瓷·传承·复兴》出版。作品《点缀纹片四件套》《香瓜瓶》《灰釉跳刀大碗》《青釉梅瓶》被中国美术馆收藏。

2018 年,获"浙江工匠"称号。获 2018 年"浙江骄傲"提名人物奖。

2019 年,亮相央视综合频道 CCTV-1《非遗公开课》,带领观众走进龙泉青瓷的传承故事,感受龙泉青瓷文化的独特魅力。

2022 年,当选"2021 中国建造匠心年度人物"。

晚得青瓷趣　书镌碧玉天

——50 后学院派青瓷大师张建平

采访对象　张建平

采 访 组　徐徐、陈文正

采访时间　2019 年 6 月 5 日　2020 年 5 月 12 日　2021 年 7 月 15 日

采访地点　丽水学院中国青瓷学院大师工作室　丽水市美术馆　丽水市博物馆

大师简介

张建平，1954 年 5 月出生于浙江龙泉，祖籍山东寿光，中国共产党党员。陶瓷艺术国家二级教授、教育与艺术专业双教授、丽水学院中国青瓷学院首席专家、浙江省青瓷行业协会顾问、龙泉市博物馆特聘研究员、中国书法家协会会员。

琢玉制器　梦始故乡

采访组：张建平教授，您好！您曾经在浙江龙泉、松阳、丽水三地长期从事教书育人、行政管理的工作，您能和我们谈一谈，您当初是如何与龙泉青瓷结缘的吗？

张建平：我出生于瓯江之源、江浙之巅的龙泉，是家中长子，取名建平，字笃行。父亲在抗战时参加八路军，1949 年随军南下，扎根龙泉；母亲是龙泉人，女干部出身。他们艰苦一生，两袖清风，有家训一则："做人坦荡，做事实在。"这也成了我的人生信条。1975 年 10 月，我有幸考入杭州大学体育系，经过两年时间的学习，于 1977 年 8 月回到家乡龙泉，直至 1995 年 6 月，我都在龙泉工作和生活。

如果一定要总结的话，我的人生与三件事紧密相连，那就是篮球、书法，还有龙泉青瓷。孩提时"迷恋"篮球，少年"邂逅"书法，而立"青睐"青瓷。篮球是我青年时的热爱与专业，书法与青瓷则将伴随我的一生。这三样，应该说起先都是"梦"，不料后来在球场、书场、瓷场均有建树，皆成了"事"。

读小学时我就比其他人生得高大，对篮球乐此不疲，恰好家前有

张建平

一露天篮球场，每日打球不到天黑不肯离场。我小时候的梦想是当一名篮球运动员，身体素质也不错，赶上恢复高考的好时机，竟梦想成真，上了浙江省城的大学体育系。其间，我敢拼敢胜、坚强执著，专业成绩优秀，毕业后回到家乡丽水龙泉成了一名少体校篮球教练。现在想来，这段经历也为我今后能够从事高强度、高密度的艺术创作与教育研究工作打下了身体上、精神上的基础。当然，我们那个年代不比今日，求学之路还是十分坎坷的。在我的记忆中，我十四岁那年才刚进中学，学校就停课了，这一停就是三年。在这几年间，我跟随外婆到了龙泉乡下，每天上山砍柴，闲暇时常去村里面一个秀才家中找书看、听故事。有一天翻到一本字帖，字迹潦草，虽看不懂但莫名欢喜，多年后才知晓那是草书。现在回想起来，许多事都是始于兴趣，当时也是缘分，虽是天书，龙蛇舞动，我就依样画葫芦，一头扎进去就是几十年。我最爱草书，书法界说我的草书恣肆酣畅，追慕古人却又不落窠臼，是多看一眼就可以被认出来的"张体"。

元至正十七年（1357）宋濂《龙渊义塾碑》记载："龙渊即龙泉，避唐讳，更以今名。"从此，龙渊就成了龙泉。历史地理学家陈桥驿在《龙泉县地名志·序》中写道，在浙江全省甚至在全国，龙泉是个不同凡响的县份。1000多年以来，这个地方以它品质优异的大量青瓷器换回了巨额财富，赢得了莫大的荣誉，"龙泉"一名也由此传遍天下。这些是我们每个龙泉人小时候就知晓的。

龙泉是我的故乡，龙泉人向来以才情闻名。比如"满坞白云耕不破，一潭明月钓无痕"的北宋诗人管师复、宋徽宗的老师何执中、江湖诗派代表人物叶绍翁、被宋神宗称赞的"政事何琬，文章叶涛"、名列"浙东四先生"的章溢，当然还有千百年后不得不提的管氏后人——获得诺贝尔文学奖的著名作家莫言，他们都是龙泉人的杰出代表。

　　"龙泉祖居地，山水呈祥瑞。诗成白云岩，根系石马岗。宝剑生紫气，青瓷吐幽光。惭愧我来晚，千里献心香。"这是莫言先生回乡拜谒先祖时创作的关于龙泉的美丽诗篇。龙泉青瓷历来是滋养龙泉人的一种重要的文化因子。龙泉家家户户几乎都有青瓷的藏品和用品，而剑瓷古城角角落落的风物性格，也早已进化成独特的地方文化与艺术基因，流淌在龙泉人血液里。我在瓯江溪边长大，龙泉是瓯江、闽江、钱塘江（乌溪江）三江之源，素有"瓯婺八闽通衢""驿马要道，商旅咽喉"之称，按照今天的说法，是地处浙闽赣三省边际区域的综合交通枢纽。在龙泉城东有一古巷，东西走向、块石铺路、车水马龙，号称东街。昔日东街有两处古迹——官仓与古埠，在古代是龙泉青瓷的航运码头，青瓷从这里远销五洲四海。那个地方承载了我童年很多美好的回忆，后来凭孩时烙印，我创作了《官仓古埠》，在撰文入瓷时我曾写道："今官仓渡口没，吾念其昔日荣盛，欲辟一古埠，曰之书韵，数十载研融不息也。"这就是我的青瓷梦。我的弟弟是一名"狂热"的龙泉古瓷收藏爱好者。我们自幼耳濡目染，每每看到一件优秀的青瓷作品，就爱不释手。我在龙泉工作时，一有时间就去龙泉青瓷研究所，在那里能体验清净幽玄、沉静典雅的心境。我时常会有怀古之幽情，时常驻足凝视匠人们劳作，深深陶醉于那些青瓷作品而欲罢不能。当然看到好的作品，家境也尚可，我也舍得花钱去购买。20多年前曾买过已故大师毛松林的一件薄胎青瓷作品，花了我 3 万块钱。当年的

3万块在浙西南龙泉这样的县城可不是小数目了，但我好像也不心疼，我喜欢，我舍得。有舍才有得，有梦才有缘，我想这就是我的青瓷缘。说真的，我自己也没想到会亲身步入青瓷领域，竟成为青瓷行业的第一个二级教授。时光飞逝，如今我已年近古稀，因为年龄和身体的原因，逐渐不能像年轻时那般打篮球了，我也已经变成气排球爱好者，但在青瓷、书法上却没有停歇脚步。相反，退休后我倒是能够全身心地投入青瓷的创作研究中，家人也十分支持。一年365天只要身体允许，几乎天天不是在丽水工作室，就是在龙泉的工作室，中间没有离开过。同时也有了很多这个年龄、这个阶段对龙泉青瓷的新的思索和尝试。我想只要身体条件允许，我也不会离开了，我对龙泉青瓷愈发爱得深沉了。

书镌碧玉　梦笔生花

采访组：您是如何萌生"书韵青瓷"的创意的？

张建平：从我开始搞青瓷创作至今，就一直不断有各界人士询问我这个问题。从20多年前"书韵青瓷"的"创意"慢慢到后来进行的"创艺"，再到如今的"创义"，我个人觉得其中肯定有偶然的机缘，但一路走到今天，可能更多的也已经成为一种必然了。

众所周知，龙泉青瓷的烧制肇始于三国两晋，是继越窑、瓯窑等浙江青瓷名窑之后兴起的又一大历史名窑。龙泉窑在中国陶瓷烧造历史上具有举足轻重的地位，历千年窑火不灭，它的烧制时间之长、窑址分布范围之广、产量之大和出口范围之广，在历史上都是绝无仅有的。大家都知道，龙泉青瓷在宋代所达到的艺术高峰一直让后世惊叹不已。宋代是一个重文抑武的朝代，推崇"用文德致治"，文人受到重用。儒家学说中素有"君子比德于玉""君子无故，玉不去身"之说，取得话语权的文人们代表了那个时代审美思潮的主流，这点对器物艺术的影响是非常直观的。但美玉毕竟有限，就是在这种追寻美玉而不可得的迷茫中，偶遇颇具玉的质感的青瓷，以及对"饶玉"的审美品质追求，使得青瓷成为"人间美玉"。

龙泉人是要感谢先人的。北宋是个弱势的朝代，深受北方民族的侵扰。南宋朝廷也没有什么武功。但是，在宋代，龙泉窑是革故鼎新的典范，其目标就是如冰似玉的釉色。制瓷先人创制出了大量风格高古的青瓷并流传于世，不能不说是一个奇迹。这奇迹除了青瓷本身烧制技艺的进步、传承发展等内在原因，社会需求、社会风尚的审美取向等外部推动力也起到了非常重要的作用。

为什么我要说这些呢？当然是有关联的。先人拥有"瓷之比玉""瓷之尚玉"的审美情结和艺术传统，而龙泉青瓷玲珑剔透的玉器质地之美，到今天也依然是我们在青瓷艺术创作和美学观念上孜孜不倦的追求。我和我的学生们也经常这样说。但正是因为如此，较之其他瓷器，以釉色装饰闻名的龙泉青瓷，其上的书法装饰是较少的。当然，天下器物，多有装饰，较少也并不是没有。龙泉青瓷器皿上出现文字始见于北宋，千百年来，制瓷匠人们常常将自己的名字或地名刻划在器物底部，摆放时肉眼并不能看见，不过是一个记号罢了，被统称为铭文。当然也有少部分记录了当时的一些生产、生活状况，比如产地、制作人、使用者，还有些"天下太平"之类的吉语等等。

比如北宋时期龙泉窑的五管瓶上，刻有"官宅"两字，有可能是官吏居所使用的东西；元代龙泉窑青瓷盘，盘底刻有"使司帅府公用"铭，"使司帅府"应是元代"宣慰使司都元帅府"的简称，这种瓷盘应该是该府的专用器皿；又比如元代早期的一件龙泉青瓷碗，碗底有"大窑"两个字，表明是大窑生产的。

当然，除了功用性的文字，更多的是图案纹饰。像"梅兰竹菊"四君子、蕉叶、莲瓣这些植物花卉，还有双鱼、龟、龙、凤等祥瑞图案纹饰。青瓷釉不像青花瓷和白瓷，在上面写字与画画本身难度就极高。龙泉青瓷薄胎厚釉的特点，使得匠人们很难在书写上有所作为。数千年来，无论是一块瓦当、一张拓片、一封信札还是一幅残卷，只要它们夹杂有数行乃至整面文字，往往就能身价倍增，备受藏家们的喜爱。与此同时，若要在"碧海青天"中用文字、用书法艺术来装饰作品，若是做不到字字珠玑，那很可能就变成了画蛇添足，毁掉了青瓷原本的韵味。

地方文化的传承是一个不断积累的过程。丽水的书法起步较晚，毗邻的温州在民国时书画印已经名声在外，而丽水因为山高地僻，明显落后于周遭。前面和你们说过，我从小就痴迷书法。尤其是到了松阳师范之后，感受到了浓厚的艺术氛围。当年松阳师范音体美在全省乃至全国颇有名声，教师队伍人才济济，书法教学更是名噪一时。当时学校的江吟、徐咏平、李跃亮、吕郁芳等一大批书画教师如今都已成长为丽水市乃至浙江省书画、篆刻方面的学术骨干和领军人物，其中江吟、徐咏平更是百余年来丽水本地唯二加入西泠印社之人。我和老师们缘结书法篆刻，一起潜心修炼，沉醉其中。2014 年江吟先生为我出版的书法集作序，曾说当年我在松阳师范决心提升书法技艺时，"起初大家都以为只是领导意气，一时兴起，哪知道一头扎下去就是二十余年"。当然，那个时候，中师生是中考后第一批录取的，还有小教大专班，学生各方面素质都非常好，学习能力很强，学习十分认真刻苦。那个时期松阳师范的艺术教育在全省中师教育中也是名声在外，获奖无数。像丽水入选国家"万人计划"的杨丽佳、杭州大关小学校长刘志华等这些中青年名师都是那个阶段培养的学生。当然，最为重要的是这也成了我书法艺术精进，尤其是从行书到草书创作风格转变的一块非常重要的土壤。

　　我当时的副手江吟曾经对我学习书法的路径做过小结。他说啊，一般人学书法都是从唐楷、二王入手，而我直接从钟繇楷书、章草入手。我觉得立意高远非常重要，我做一个事情，往往先认真研究求证，认准目标后，有计划、有步骤、有行动、有恒心、有自信，不达目标誓不罢休。学书法更是如此，"吾道一以贯之"，对前贤书法"心摹手追"。一般人对书法的热情是间歇性的，而且有迷茫、困惑，甚至自我怀疑、心态消极的时候，而我永远自信满满，激情燃烧，每个时期都对作品自我感觉良好。这是同人们对我的评价。他们后来都认为这不是缺点，反而是成功之道。自己对自己怀疑了，还如何前进呢？艺术如登山，拾级而上，前路漫漫，每个台阶所见的风景与境界是不一样的。当然，也并不能盲目自信，我也会回过头来检讨之前路上的得失。打下基础之后，可以说是醉心于孙过庭《书谱》、智永《真草千字文》，参悟张旭《古诗四帖》，转益多师，大量临摹，大量创作，以及观看大量的展览，形成自己的特色。书法最忌"俗",也最难脱"俗",那什么是"俗"呢?"俗"一般就是人们普遍认为不好的东西,却还自认为是好的、是个性,并刻意强化,自鸣得意。而我入手高古,一路过来都是从伟大的作品中索取素材,学习技法,作品也稚嫩可笑过,但从没有与"俗"挂钩。目标、方法对了,天道酬勤,成功是必然的。江吟评价我的作品时说:"综观张建平先生的作品,大草长卷巨幅,章法布局气势磅礴,笔墨淋漓,满眼都有'根',都有古人,但都有张建平自己的影子,自信豪放,不落窠臼,巨幅作品的驾驭能力是非常突出的,一泻千里,不凝滞,不拖泥带水,浓淡、枯湿、提按、快慢、大小皆随字赋形,有胆有识。小幅作品,形式多样,从古典文人书信手札的样式中寻求灵感,参以当代书法展览悬挂的特点,颇富形式感,如小楷作品典雅蕴藉,章草作品形朴质茂,耐人寻味。书法创作从戴着镣铐跳舞,逐渐走向跳自由舞,我为张建平在书法上取得的成绩鼓掌而呼。"

都说艺术是不分家的。我刚才也说了,在青瓷上写字我肯定不是最早的。中国古代就有将文字刻在器物上的习惯,在瓷器上进行文字刻划是中国古代瓷器的一种独特的文化现象。从这个意义上讲,"书韵青瓷"是一种传承与突破、守正与创新。应该说"书韵青瓷"的创意是因缘际会,得之偶然。1995年,根据组织的安排,我从松阳师范调到丽水师范专科学校任职,中国工艺美术大师毛正聪送了我一件他的作品,作品名称是"一念之间",上面刻有行书"鸿鹄之志足下始"。端详这件作品,我发现上面的字迹很是熟悉,仔细一看,竟然是我自己写的书法,兴奋愉悦之情油然而生。这件作品将书与瓷结合,青瓷装点了书法,使书法平添了圆润厚实的立体韵味;

而书法更是美化了青瓷，赋予了龙泉青瓷更浓厚的文化气息和品格。这件事、这个作品对我触动很大，艺术历来追求融会贯通，也就是从那时候起，我开始投身到青瓷与书法的融合当中。2007 年，我带领丽水学院艺术专业的教师，一行人赴景德镇考察，原景德镇陶瓷学院的院长周健儿见我痴迷于书法，便提议让我在白瓷上挥毫泼墨，以便留下一些墨迹。于是，不期然的，就有了我的第一批青花釉下彩陶瓷书法作品。景德镇之行引燃了我心中沉淀已久的青瓷艺术之火，书法入瓷由此肇始。我心里想，为什么景德镇的青花瓷可以有如此多的、如此精美的书法装饰作品，而龙泉青瓷却鲜见有成功的书法装饰艺术呢？书法与青瓷都是古代士大夫钟爱的高雅艺术，若能巧妙结合、融会贯通，必定能画龙点睛、锦上添花。

"尽日寻春不见春，芒鞋踏遍岭头云。归来笑捻梅花嗅，春在枝头已十分。"我自此一发不可收，完全沉浸在青瓷和书法如何融为一体的研究探索中。

采访组： 您能和我们谈一谈"书韵青瓷"的内涵意蕴吗？

张建平： 何为"书韵青瓷"？作为一名土生土长的龙泉人，也作为"书韵青瓷"的开创者，青瓷艺术和书法艺术就是"书韵青瓷"创作的两大法宝。中国是陶瓷的国度，龙泉是青瓷的重镇。1000 多年来，青翠如玉的龙泉青瓷展示了先人们的智慧和聪灵，向世人贡献了弥足珍贵的艺术精品，给我们后人留下了值得永远骄傲的艺术传统。然而，传承至今的龙泉青瓷，刚才前面也说到了在装饰上还存在着图案单一、品位不高的缺陷：装饰纹样以花鸟鱼虫等通俗题材居多，尤其缺少精美的、富含人文味的书法文字，即便偶有装点，也是工匠们的手迹，缺少书法家、文人的参与。因此，如能融入浸染中国历史文化气息的书画元素，将是对青瓷文化品质的极大提升，也将对龙泉青瓷艺术的发展起到不可估量的推动作用。于是我学拉坯、研釉色、镌文字，那段时间真的可以说是沉迷于此，废寝忘食。我就是抱着这样的信念在这条道路上一直坚持下来的。

　　当然，"书韵青瓷"指的并不是简单地在青瓷上写字。实事求是地讲，我对它的理解也是伴随着多年的探索实践，逐渐由浅入深、由表及里的。王冬龄先生谈当代书法创作状况，分为三种类型，传统、创新、现代。我属于传统类型，我很重视对传统的学习与继承，对名碑名帖狠下功夫，对个人艺术风格也不刻意追求张扬，而是崇尚功到自然成，瓜熟蒂落。同时也师古而不泥古，吸取传统中的精华加以锤炼，努力追求和形成自己古朴灵动的风格。对此，我做过一些理论研究，也发表过一些学术文章。比如说早期的《中国古代龙泉青瓷书法装饰的内容与功用》《论青瓷书刻装饰对书法篆刻艺术的借鉴》等，到后来的《论青瓷书法装饰创新的美学意义》《观念青瓷》等，再到这两年编著的《文化青瓷创艺》《梦笔生花》，这些都是我在探索实践的过程中经过反复试验得出的理论上的看法和经验。

　　具体来说，"书韵青瓷"中，"书"原为书法，可以延伸为书画，泛指文化；"韵"指的是内在蕴含的神态、气质和品位；"青瓷"特指产于龙泉的青瓷。概言之，"书韵青瓷"就是将具有传统文化内涵的书艺与古老的青瓷艺术元素相融合，孕育而成的富有高超艺术品位的瓷艺。

　　"书韵青瓷"，着眼于人们对静态青瓷与动态书法视觉心理的统一、工艺技术与艺术文化的统一，从而达到"以意呈象，以象造型"

的境界。为此，我在不失书法规律的同时，多年来力求在各种器物上做多种多样的变化，行草篆隶、阴文阳文、大字小字皆有触及。我的创作原则是：书法的行笔节奏、分行布白、整体风格与青瓷的器形、釉色和谐统一，青瓷制作工艺、烧制要求与书刻技法协调统一。具体地说，就是要求书法题字的大小、错落、疏密、印章位置与器形特征相兼顾，要表现出书法艺术流畅、自然之韵味，彰显文化品质与精神内涵。创作风格上，有的靓丽小巧、隽美别致；有的端庄典雅、娟秀清新；有的浑厚质朴、凝重大气。总之，"书韵青瓷"的创作，要观之有味、思之有韵，能让欣赏者领略到书家创作时的艺术之脉，品味到其中的人文气息。

特别要指出的是，我认为艺术最重要的不是技术技巧，而是修养和智慧所孕育的文化哲学和美学思维。大凡优秀的艺术作品，均为品行高雅、气神相通、富含文化内涵之作。同样，当代龙泉青瓷艺术的创新与发展，只有在充分吸收传统文化的内涵与哲学精神的基础之上，融入其他艺术的气质与意蕴，同时运用当今科学技术的最新研究成果，不断创新、不断突破，才能使民族优秀传统文化和艺术精神展现新貌，才能在当代艺术文化的领域中立足与发展。

采访组：张教授，目前"书韵青瓷"可以分为哪些系列？在具体实施的时候您有哪些构想呢？

张建平：确实，它是有一个发展的创作过程，与此同时，我们也是慢慢地在做总结提炼和规划分类的。到目前来讲，"书韵青瓷"大致可以分为"书镌碧玉　梦笔生花""迁想妙得　金生龙泉""凝霞滴翠　意溢乎形"和"意象观念　有容乃大"四大系列。

　　"书镌碧玉　梦笔生花"是"书韵青瓷"中哥窑、弟窑系列作品刻划装饰的统称，这也相当于一个基本款。"镌"指雕刻，"碧玉"指厚釉的质地、色泽好像玉一样。我们在传承传统的龙泉窑厚釉艺术特征的基础之上，在刻划装饰的工艺技法、表现形式、构图及纹样题材等方面进行实践探索，重点是想追求并突出更加具有现当代文化特征的审美与个性，更加能够体现当代的艺术精神和审美需求。另外一个方面，在今天这样一种新时代艺术思潮的影响下，我们也一路尝试打破龙泉青瓷传统技法的限制，采用一种更加自由的现代刻划表现形式。同时，在创作空间上，我们也想深挖和拓展更大的创作潜力。我们积极地吸收其他窑口刻划装饰的工艺技法和展现方式，把多种多样的艺术特征和形式有机融合到龙泉青瓷刻划装饰的创新过程中，目的呢，当然是想突破传统单一的形式从而走向多元包容，使青瓷作品的艺术效果获得更加丰富、更加充分的展现。"书镌碧玉"类的作品，主要是以阴刻、阳刻两种刻划方式来呈现书法纹饰。阴刻呢，他的书法笔画就会隐含于浓厚的釉层之中，线条有一种若隐若现的效果，引人心醉神迷；反过来，阳刻呢，书法纹饰就会跃然突出于坯体之上，隐隐展现白色出筋的淡雅效果。"书镌碧玉"类的作品将书法家本人，当然主要是我个人的书法笔画所蕴含的雅意、韵味与青瓷厚玉一样的釉色、釉质相互协调，书法的笔意隐隐地现于"凝脂美玉"当中。可以说，这类艺术作品在丰富了龙泉青瓷装饰艺术手法的同时，也在青瓷审美这个方面，加持了"书影绘形"这样一种独特的意境之美。而且，在题材上也会根据作品的艺术意涵，将国画艺术融入青瓷当中，将书画纹样巧妙融合在器形之上，在美化了龙泉青瓷的同时，也提升了龙泉青瓷的文化内涵和艺术价值。比如我早期的典型作品《书韵文洗》《春晓》等，采用以刀代笔的手法，起笔和落笔非常考验创作者的功力。在草书创作上也是直抒胸臆，写来翰逸神超，有绵里裹铁的意味。还有像《梦笔生花》等作品，采用的是书丹凸雕的手法，有的真草相间，章法上有断有连；有的篆隶相间，视觉上端庄雄健、高旷古雅，很是沉着痛快。那这些年像这个作品《禅》，以禅念作钵，心如明镜，顺其自然，随手镌刻，再以纯釉烧制，薄胎透光，有轻若浮云的古雅之感。

"迁想妙得　金生龙泉"这个系列主要指的是构思艺术形象的时候，由此物象联想到彼物象，把创作者特有的思想情感"迁移"到对象当中，并且与之融合的过程。"迁想妙得"的思维方法实际上与创作者艺术创作的"悟性"紧密相关。换句话说，它与艺术家的学养紧密相连，学养越高，感悟处就越多，创作者就越容易升悟"迁想"而有所"妙得"。这个和书画创作的道理是一样的，青瓷创作不仅要强调对器形、釉色的"迁想"，更应强调的是形色背后的创作者身上内在的、精神的投入，也就是"妙得"。所以要想象、迁想，从而感悟，把握对象真正的精神气质。

说到底，艺术是一种精神现象和精神活动，是现实中纷繁的社会生活在人的精神世界的内化。青瓷艺术创造并不是一种简单的临摹、复制，而是一种精神创造，是人到一定程度之后，得出的对生命感悟、对经验的把握和输出。每一个艺术作品都蕴藏着艺术家的思想和个人意志。在青瓷的装饰中，一直以来都很注重釉色的表现，从而弱化了其他形式的装饰技法。"迁想妙得　金生龙泉"系列的创新突破在于对灰釉的和谐运用,是一种"自然""本色"的艺术思想的体现。釉色作为陶瓷艺术最直观的表现语言,直接展示着陶瓷艺术的精神内涵。在清代的《南窑笔记》中就有这样的描述:"凡配各种釉,约数十余种,俱以灰为主。如调百味必须盐也。"这是一种"润物细无声"的作用。我们的"书韵青瓷"系列灰釉作品,将灰釉装饰运用到青瓷作品上,形成了灰釉与青釉色彩的强烈对比,更能凸显出釉色的青翠。与此同时呢,灰釉的装饰效果又能显示出一种古色古香的特别的韵味,某种程度上提升了青瓷艺术的气质和品位。薄灰釉在翠玉色当中散发着幽香,厚灰釉的凝重端庄在青色中又别致优雅。这样的结合,最特别的是使得青瓷艺术告别了色彩的单调,丰富了表现形式。并且呢,灰釉可以结合器形特点在器物的各个不同层次和位置上做装饰,所以也是进一步拓展了青瓷装饰的风格。从另一方面来说呢,与青釉相比,灰釉层是很薄的,对立体的刻划纹样覆盖性比较小,所以层次感会很强,美感也很独特。因此,灰釉装饰为青瓷艺术与其他更多艺术形式结合找到了一条途径,为青瓷刻划装饰艺术找到了一条新路子。

"意溢乎形"这个词我很喜欢。书画美学十分注重意与形,状形之艺应有所主,所主者就是意。意和形这两样不可偏离、相互依存。"凝霞滴翠　意溢乎形"这个系列的创意来自自然界的风光景象,我们把这个设计理念贯穿到创作的全过程,心融神会,微妙变换,努力去追求天人合一的效果。

古人经常会以"千峰翠色""荷叶"这样的自然生态情景来形容青瓷的釉色之美,还会以"雨过天青云破处,梅子流酸泛青时"的意境来描写青瓷。正是因为我们龙泉青瓷讲究对自然的还原和对诗意的追求，才会具有优雅而含蓄的高级趣味。"凝霞滴翠"这个系列凝聚着我们对大自然、对瓯江山水的内心感悟，这种感悟是天生的、是内生的，是一直生长、生生不息的。这个山水之色是代表灵魂的青绿色，非常地高级，这种高级的美附着于瓷器就提升了瓷器的品位。

烧制青瓷的窑内温度一般在1300℃左右，在还原气氛当中，窑变产生了各种色泽效果，所以"青"的呈色是龙泉青瓷的一项核心技术。我们认为随着科技的进步、对高温原料和高温釉料的研究，以及现代液化气窑炉等设备的使用，青瓷工艺与装饰艺术的结合有了更多的发展空间和尝试的可能。现在，从技术上讲，随着我们对窑炉温度控制能力的提高，青釉在高温状态下的流动和形变控制也比以往更好实施。这样，青釉下的高温颜料绘画装饰艺术就发展起来了。可以通过直接在坯胎壁上用高温颜料绘画，再多遍覆盖厚釉，或采用青瓷釉中彩的装饰技法来实现。值得一提的是，青瓷釉下刻划装饰是非常传统而经典的装饰技法，但一般都是阳刻纹样。因为如果采用阴刻的技法，会形成比较多的凹角，容易出现缩釉和跳釉这样的工艺缺陷，所以历史上比较少采用这种技法。我从一开始就喜欢研制色料，在我的展厅里也陈列着自己研制的"书韵青瓷"色料。应该讲，现代色料的研制和运用，使得阴刻技法有了用武之地，将纹饰图案或者书法字体印制在坯体上，再用现代色料来填补，就会形成图案和文字镶嵌装饰的新形式。一方面可以填补阴刻可能形成的凹角，另一方面又可以解决缩釉可能产生的工艺问题。有色书法与绘画图案艺术在青瓷装饰上的应用，既可以表现绘画与书法艺术形式，也在一定程度上丰富了传统的青瓷釉下雕刻技法，可以说是现代青瓷艺术的一次重要的探索创新和贡献吧。

"意象观念 有容乃大"是指艺术需要想象力，有想象力是创新的基础。如果想都不敢想，那肯定是不能去做了。我是50后，马上就要七十岁了。我们这一代人，走到这个阶段，作为传统青瓷艺术的现代继承者，面对曾经的历史丰碑，如何走出具有自己风格的青瓷之路，是我们创作时最重要的思考和选择。这个问题是青瓷或者说是陶瓷的问题，其实和我们今天多数艺术面临的问题有点相似，我们最重要的突破已经不再是技巧的问题，更为主要的是观念的表达。当技术不再是主要障碍时，寻找观念上的突破就成了我们目前着力的一个重点。西方对观念强调得比较多，在中国山水画中也有"观念水墨"的概念。所以用"观念青瓷"来归纳和命名这一系列的作品，也可以说是一种借鉴，毕竟我们这个时代是大开放的时代，是大创意的时代，是观念和点子至上的时代。

"观念青瓷"主要强调的是从"器"到"艺"到"义"的转向，可能很大胆，在这个过程中也面临了一些争议和争论。我觉得这都不要紧，这些都是正常的，甚至都是好事情。这个系列的作品可以说是彻底抛开了青瓷艺术传统中器物的有用性，抛开了工艺装饰性的本色，直接将青瓷作为"无用之用"的纯艺术来看待。"观念青瓷"更强调的是一种率性的直接表现，而不再是传统的那种次生的对器物的装饰。就好像刚刚说到的传统的水墨，经过了"抽象水墨"再到"观念水墨"，水墨的传统形式被彻底地抛开了。创作者呢，也在这里面找到了一种自由表达的方式和通道。这是不容易的，也是有难度的，特别是对我这个年龄阶段的人来说。它首先会要求你要暂时与传统青瓷

"诀别"，要把自己从实用青瓷的束缚、捆绑中解脱出来，把"观念"作为自己唯一的限定和追求。所以，从这个角度来说，"观念青瓷"这个系列和青瓷装饰、青瓷设计是完全不同的，它强调的是对青瓷艺术的现代创新，同时也是创作者自我心性的一种寄寓。

从目前这个系列的作品来看，我们尝试着打破传统青瓷的盘、碗、洗、杯、瓶、炉之类的传统造型，不再拘泥于传统工艺的束缚，而是从"奇石"中去寻找创作灵感，可能是天马行空的，可能是多维空间的，总之，是没有固定框架的。就像我的作品《枯木逢春》，还有《梦》，大家看了都很惊奇，因为它们都已经彻底改变了以往传统青瓷那种有用性的、中空的造型，彻底地告别了青瓷工艺作为日用品的实用性或者装饰性的本质，纯粹地作为一种观念艺术品来呈现。所以当你看到那些作品的时候，你会产生很多联想、很多想象，这就是艺术魅力，这就是现代青瓷的独特魅力。我想，"观念青瓷"或许是开创了一种新的表现形式，会成为青瓷艺术的一个新的探索方向。

采访组：您的"瓯江源"系列折沿笔洗作品的主要特点是什么？请您给我们讲一讲。

张建平：有的时候我也在想，童年的很多记忆里一定是藏有一个人的热爱的线索的。我出生于瓯江之源——龙泉，我对瓯江这条母亲河有着非常深厚的感情。一方面，这个系列作品确实充满了瓯江文化元素，寄托了我对瓯江、对旧时故土的一种留恋和感情；另一方面，也是我在刻画龙泉青瓷水墨意境这条路上非常典型的代表作品。

我们都知道，书画入瓷对于江西景德镇的白瓷来说，早就是稀松平常、驾轻就熟的事情。但是，大家可能并不知道，书画入瓷对于厚釉的龙泉青瓷来说一直是个难题。书画入青瓷一方面是涉及技术，另一方面更涉及艺术。要想成功烧制书影绘形的青瓷，对于龙泉青瓷，或者说得大一些，对于中国乃至全世界的陶瓷艺术发展都具有重要意义。特别是2009年，龙泉青瓷传统烧制技艺被联合国教科文组织列入人类非物质文化遗产代表作名录，成为唯一的陶瓷项目之后，龙泉青瓷受到世界范围内更广泛的关注，龙泉历届政府也有意识地组织开展各类有助于扩大龙泉青瓷影响和文化创新的活动，书画名家的画瓷、写瓷就是其中有代表性的一种。

目前，在龙泉青瓷上进行书画艺术创作，从材料和方法上主要分为彩绘和雕刻两个大的类别。彩绘呢，因为有景德镇白瓷创作的经验积累，所以艺人们也一直想在龙泉青瓷上实现突破。但是，彩绘和素雅的龙泉青瓷差别非常大，用起来总是会有一种疏离，或者说格格不入之感。雕刻呢，因为薄胎厚釉的原因，能够做成功的也是不太多，技术上还是有难度的，太浅呢不显，太深呢又会透穿，不容易控制。前面我也讲到，我很早开始就做了很多这方面的试验，也付出了不小的成本，但最终的结果总是不能让人满意。在具体的、实际的实践过程中，我们发现，虽然龙泉青瓷和景德镇瓷器烧制工艺大同小异，但是龙泉青瓷浑厚的釉层和彩绘之间还是隔着一条难以跨越的鸿沟，原因我前面讲到过，这里就不重复了。所以，目前在龙泉青瓷上进行彩绘装饰大多是大写意之类的居多，突出的是隐隐约约的含蓄之美，精细程度还是比较欠缺的。这样有一个好处，就是在高温烧制时，无论拉长还是压缩，最后给观赏者的感觉不是烧坏，而是有意为之的效果，无伤大雅，别有一番意味，有的时候会用"窑变"的效果来解释附会。

　　《瓯江源》《龙渊荷塘》和《剑瓷大溪》三件折沿笔洗将瓷、书、画三种传统技艺融为一体，特别是书法艺术和绘画艺术的有机融合。"瓯江源"系列三件折沿笔洗，最大的直径约43厘米，高约8厘米，外沿一圈是我亲自写作、亲自镌刻的墨书诗文，内底中央刻画有相对应的画面。具体是哪些内容呢？其中《瓯江源》沿刻诗文："八百里瓯江水，直奔东海；六千尺龙泉山，高耸南天。燕子崖头，摩天接日；杜鹃山谷，雾蔽云遮。一泓清泉，穿丛林，赴险峡，以涓涓之细流，闯莽莽之大山，百折不回，终成汪洋之江河，泽被吴越之万民。《易》曰：君子以自强不息。老子言：上善若水。当可于瓯江源识之。"内底的画面是瓯江源头、龙泉山涧间，百石错落有致，白蟹悠然自得的自然风光。《龙渊荷塘》沿刻诗文："少居龙渊旧衙侧，衙前有荷塘一方，垂柳掩映。花晨雪夕，

《瓯江源》

无日不与荷塘为伴。或垂钓于塘畔，或纳凉于柳下。当仲夏之夜，繁星满天，荷香沁脾，蝉鸣蛙鼓，有若天籁；或当宿雨初歇，雾气缥缈，流青滴翠，荷露映日，游鱼戏萍，几疑入瑶境，非复凡间。每自谓曰：几世修行得生龙渊乎？"内底呢，是我小时家门口的龙泉荷塘，荷叶下有游鱼，有蝌蚪。《剑瓷大溪》沿刻诗文："古城龙泉，素号剑瓷之

都，人文之盛，蔚为大国。瓯水流经古城，俗称大溪。昔之大溪，瓯鹭翻飞，竹筏渔舟，往来如织，炊烟窑火，隔江相望。薄暮初降，月出东山，健儿踏波而歌，浣女披发而戏，一派欢乐祥和。乡贤管师复诗云：'满坞白云耕不尽，一潭明月钓无痕。'"内底呢，画的是龙泉古城层峦叠嶂、古塔白帆的秀丽风光。

作家蒋勋曾经说过："最好的文学是一本最诚实的自传。"我不是中文专业出身，以前对诗词也没有多大研究，更谈不上创作。但有时候人生就是这么奇特。生活是最好的老师，生活是一切创作之源。我们每个人的生活都是一本书，我的家乡目光所及皆是盛景。家乡、山水还有人生的际遇就好像给了你无穷的灵感，所以我的题材都是来自我自己的人生。对我来讲，这一切都非常真实，这一切都是基于生活的真诚创作，这一切都非常真切动人。这是我写作的初衷和动机，这里面有我对于时代、城市与地域的思考和理解，没有虚假的感情，更没有虚伪的表达，一切都是到了某个阶段自然而然流淌出来的。因为都是生活，所以就会变得持久。我平时会把临时想到的创意和灵感及时记录下来，不管是在哪个时间段，有时候甚至是凌晨三四点钟的时候。想到一个好词，想到一个好句，想到一个好的创意，我都会及时把它们记录下来，反复推敲、反复打磨，有时也会和学院的文学教授、博士们一起分享，一起探讨，这对我来说是一个非常愉悦的过程，这可能和我以前的工作习惯有关，所以天长日久，也会有些积累。

"瓯江源"系列三件作品，外沿的诗文都是墨书后用阳刻的技法雕刻而成。画面在传统雕刻的基础上，应该讲有了很大的突破。传统的水墨画强调墨分焦、浓、重、淡、清五色，层次非常丰富。传统水墨画的墨色浓淡变化反映到青瓷上就是釉层的深浅差异，根据画面内容的不同，雕刻出深浅有序的造型，在这里，釉层的厚薄就很重要。厚釉的地方深厚阴暗些，薄釉的地方浅淡明亮些，这种深浅差异再加上釉层的厚薄就可以表现出水墨的情韵。这是一次非常重要的尝试。

实事求是地讲，要在技术上实现这种微妙的水墨情调不是件容易的事情，如何施釉是其中的关键。现代的龙泉青瓷一般是浸釉一次，要求较高的工艺品或作品一般会在浸釉的基础上再喷釉一次。"瓯江源"系列折沿笔洗会施三到五次左右的釉色，釉层最厚的已经将胎色完全遮挡掉，最薄的甚至可以明显看到露出的胎白，中等程度的就有浅青、次青、中青、深青等多种颜色。"瓯江源"系列折沿笔洗的画面釉色基本还是以中青为主，要达到比中青颜色更深的深青和全青则需要再向下刻一到两个层次，相反，次青、浅青就要往上堆雕相应的层次。当然，在实际的刻划过程中，还需要根据画面实际产生的效果再进行层次上的调整。总体来讲，龙泉青瓷刻划工艺要融入书画艺术元素并非想象中那么简单，还是比较复杂和艰难的。书影、绘形、瓷艺三者的融合如果没有一定的实践体验和技术基础，那都是不可能完成的。

采访组：您觉得"书韵青瓷"的探索实践对当代龙泉青瓷装饰创新乃至美学意蕴提升、青瓷文化赋能上的意义是什么？

张建平：我觉得是创新。龙泉青瓷是古老的，但有时也是年轻的，在这样一个伟大的时代，真的需要创新。

有大致以下几个方面可以概括。一个呢，是实现了技术上的"书艺入瓷"。"书艺入瓷"不是书法入瓷，指的是将古老的青瓷工艺和传统的书画艺术相嫁接，从而突破龙泉青瓷装饰艺术上的藩篱。知易行难，似易实难,说起来容易,做起来可并不容易。我刚才也讲到了非常重要的一点,龙泉青瓷最大的魅力在于釉色,青瓷晶莹清脆、委婉含蓄的秉性,既符合中庸、中和等中国优秀传统文化思想,又是龙泉青瓷的重要特征。尤其是龙泉窑进入南宋后迎来了辉煌时代,龙泉青瓷的烧制技艺迎来了重大革新,浑厚的乳浊青釉配制成功,龙泉青瓷由淡青薄釉转入浑朴厚釉的时代。我们现在讲的石灰碱釉的釉料配方,是充分运用了我们龙泉本地独一无二的紫金土,它的含铁量非常丰富,再加上瓷石、草木灰等等其他龙泉本地的特产原料,它的流动性就明显降低了,釉就比较厚实,色泽纯正。为了呈现"似玉""如冰"的意境,古代匠师们经过一代又一代的探索和试验,特别是采用了薄胎厚釉的工艺之后,青色显著提高,达到了青瓷釉色的最高境界。但是,从装饰工艺的这个角度上来讲,可想而知必然会受到很多限制,更是给书画与青瓷的结合带来了技术上的难度。20多年前刚刚开始试验的时候,真的是困难重重,难度之大也是我始料未及的。但是我并不害怕,我不会被眼前的困难压倒,更不会放弃,而是回去积极地思考和实践。做任何事情都会碰到困难的,更何况是这样重要且有意义的事,怎么会没有难度,轻而易举就能实现呢?我和我的团队从点滴开始学习,和技术人员一道知难而进。我们尝试着用不同颜色的坯料、釉料、色料对书画青瓷反复试验、比较,一次次废掉、敲掉,因为还不确定、不稳定,质量难以控制,与此同时也是很心疼。其间我们经历了龙泉青瓷胎薄釉厚、烧成温度高、书画作品难以表现等重重苦难,最终功夫不负有心人,在保持龙泉青瓷纯正的釉色、继承传统的同时,我们将书画艺术和青瓷工艺融为一体,书画艺术在青瓷上呈现了立体化的效果,烧制出了书画水平和烧造工艺俱佳的真正意义上的"书韵青瓷"作品。

第二个方面呢，我觉得"书韵青瓷"很大程度上也是实现了龙泉青瓷艺术上的"书意入瓷"。你在做什么样的瓷器，实际上就体现了你什么样的审美。字如珠玑，瓷如碧玉，珠联璧合，双翼生辉。用书画为古老的青瓷工艺"点睛"，呈现出别具一格的雅致韵味，这个是"书韵青瓷"想要追求的目标。这是一种全新的、独特的艺术风格，这是以"上"为美。要实现这个目标需要作出很多方面的努力。当然要有娴熟自如地运用写、刻、雕、琢等多种技艺的能力，这还不够，还需要有超群的艺术审美能力，要会做加法和减法，更要巧用加减法，这点非常重要。

书意入瓷，倾听山水清音。我们是想做当代的精品。流水线的工艺品、日用品，是市场所需要的，但不是我真正想要追求的。话说到这里，我觉得是要感谢丽水，感谢龙泉这方水土的。龙泉青瓷诞生在这方水土里，是自然的造化。烟雨瓯江这条母亲河，还有诗画江南第一高峰凤阳山等等凝聚了浙江山水的精、气、神，诞生了一批文化瑰宝，更是孕育出了灿若星河的瓯江文化。这块土地有哪些人，这片土地上发生过什么样的事情，对龙泉青瓷发展的影响是非常巨大、深远的，特别是整个艺术流派的嬗变、整个社会潮流的变迁、审美时尚的变动等等。这些除了你亲身经历知晓的，还有需要你去不断学习的，比如说艺术史。龙泉青瓷的发展不仅需要做的人，还需要能品鉴的人，你要理解青瓷艺术真正的内涵和精髓，不能只是随波逐流。哪个好卖就做哪个，哪个受追捧就做哪个，肯定是不行的。业内曾经对"书韵青瓷"系列作品有这样的评价，首先是技艺精湛，将工与艺的完美结合体现得淋漓尽致；最重要的是，将丽水本地的瓯江文化元素融入青瓷作品中，极富文化内涵。当然，这个是赞誉，是鼓励，但也实事求是地说出了瓯江文化元素是"书韵青瓷"相随相伴的艺术创作母题。

刚才说，我有一个叫《瓯江源》的笔洗作品，这个作品上书刻有"八百里瓯江水，直奔东海；六千尺龙泉山，高耸南天"等120个字的诗词，书法手笔是遒劲飘逸的。在笔洗的底部，还有一副山蟹戏水图，一只活灵活现的山蟹，在清澈见底的瓯江水里，自由快活地爬行，四周散布着一颗颗大小不一的石子。书画层次分明，错落有致。这件作品展现的场景是我小时候和小伙伴在瓯江边玩耍时经常碰到的，技法的背后凸显的是传统文化的意蕴和精神魅力，后期逐渐形成了"瓯江源"系列三件折沿笔洗作品。我的很多作品实际上也是寄予了我对瓯江、对旧时故土的一种眷恋和深情，它们都是我创作的源泉。文化是需要积累的，应该说，"书韵青瓷"这种书韵意蕴的营造，使得青瓷也像文人绘画一样，从工匠制作的层面提升到了文人艺术的境界，从而为古老而年轻的龙泉青瓷平添了一份文化底蕴。

最后一点呢，是目前这个阶段正在重点探索和实践的，也是"书韵青瓷"实现可持续发展的追求动力和精神内核，那就是"书义入瓷"。这是一条长线，并不是短线，不能靠人云亦云，不能靠随波逐流，不能靠模仿，不能快速获得。认识、定位和目标大致已经比较清晰了，剩下的关键是把过程做好，并且能够享受这个过程。

龙泉是一个神奇的地方，同时也是一个小小的地方。过去长期被大山阻隔，人的心理上也容易形成或多或少、大大小小的障碍，你很难雄浑大气。这个江浙的江南小城，青山绿水，它自然赋予你这些东西。但是我们现在是在一个开放的大踏步的时代。"天行健,君子以自强不息。"要想突破瓶颈,我们应该把自己修炼得更加开放,更加包容,让我们的内涵更加深邃,我们一定要有浩然正气,要有雄浑大气,才能够创作出与这个时代相匹配的、优质的龙泉青瓷作品。

我始终认为,一个完美的艺术品,文化思想是灵魂,创意设计是根本,作品风格是关键,制作技术是基础。青瓷艺术创新更多的是一种精神文化的特殊表现,是获得生命感悟后对经验认识的一种把握和体现,里面蕴藏着创作者的思想智慧、文化修养和个人意志。古今中外,艺术家们无不是通过继承和创新来表现、传达个人主体的感受和审美理想。

书画历来被视为中国最高的艺术样式,而瓷器作为器物,由于它实用的出身,有时会影响到它作为纯粹审美和哲思的意义。我认为艺术最重要的不是技术技巧,而是能体现修养和智慧的文化哲学和美学素养。大凡优秀的艺术作品,都是品性高雅、气神相通、内涵丰富之作,青瓷艺术的传承和创新发展也不例外。近年来,龙泉青瓷有了文化人、艺术家的参与,他们或制作,或评论,或鉴赏,使得青瓷艺术能够更直接、更明确地反映出艺术创作的主题与境界。龙泉青瓷开始实现从"器"到"艺",再到"艺"和"意"的转变。在青瓷创作与研究的过程中,我愈发感受到先贤们的文化与思想的熏陶,当今龙泉青瓷的传承与创新,需要文采与思想,需要立意与深度,需要睿智和胆识,需要交流与沉淀。这是一件艰难却又意义深远的事。在当前这样一个美好的时代,我们要静下心来,多一份哲思,多一份理性的思考,这对龙泉青瓷创作、创新大有裨益。龙泉青瓷的创作者的身份也要逐渐实现从"工匠"到"艺匠"再到"哲匠"的转变，这是历史的趋势，也是时代的要求，应该成为所有龙泉青瓷创作者的精神追求。

投身专业教育　筹建青瓷学院

采访组：请您介绍一下丽水学院龙泉青瓷协同创新中心的筹备及建设情况。

张建平：1957年，我们国家发出"要恢复五大名窑生产，首先要恢复龙泉窑和汝窑"的号召。因此后来就有了轻工业部《关于恢复历史名窑的决定》。这对龙泉、对龙泉窑来说真是天大的喜事。到了1959年，浙江省轻工业厅组织了国内大批顶尖的陶瓷专家对龙泉青瓷进行了为期三年的科学研究，总结探索龙泉青瓷的生产技术和科学方法。直到1965年，龙泉青瓷厂才开始真正地恢复青瓷生产。十年后，也就是1975年，成立了青瓷研究所。龙泉青瓷虽然恢复了生产，但之后经历了经济体制改革，国有企业破产倒闭的很多。后来，在省委、市委的扶持下，龙泉青瓷产业国营改制到今天已经发生了巨大的变化。但是，不得不承认，从总体上来说，龙泉青瓷在艺术设计、原料配制和烧制技艺上还是处在传统的作坊式生产阶段，生产厂家更多的关注点依然在市场，当然这也无可厚非。尤其在产、研、销等方面，科技，或者说科研的投入还是不足的。时至今日，龙泉青瓷行业里仍旧没有一家从事青瓷相关研究的专业科研机构，这对于整个青瓷产业的发展来说，无疑是一个阻力，或者说空白。

丽水学院作为丽水地方本科层次的应用型普通院校，主要承担着为丽水市、为浙江省经济社会发展培养、输送各类中高级专业人才的任务。围绕着地方支柱性产业和基础教育对人才的需求，学校的办学宗旨之一是培养理论基础扎实，具有较强实践能力和创新精神的应用型高级人才。为了进一步传承龙泉青瓷技艺，弘扬青瓷文化，深化青瓷研究，丽水学院于 2008 年成立了龙泉青瓷研究院。当时学校党委决定，由作为学校党委副书记的我担任院长。团队总共有成员 20 多人，其中教授 3 人，副教授 8 人，具备博士、硕士研究生学历的有 10 多人，这对于当时的浙江地方高校研究所或研究院来说，人马已经是配得非常强了。经过一段时间的建设，青瓷研究院已经拥有独立的"文化青瓷设计与创作工作室""龙泉青瓷艺术馆"及校内龙泉青瓷教学科研与学生创业基地，还获得了中央财政设备补助及配套经费 300 万元，用来承担青瓷作品的创新设计和成品烧制费用。经过两到三年的发展，我领衔的龙泉青瓷研究团队共完成省部级课题 20 余项，出版论著 3 部，发表学术论文 20 余篇。青瓷研究团队成员的新作陆陆续续在上海世界博览会、上海艺术博览会、中国工艺美术"百花奖"、中国当代青年陶艺家作品双年展以及浙江工艺美术精品博览会上受邀参展、获得大奖。

值得一提的是，为了进一步深化龙泉青瓷研究与推进陶艺方向本科专业建设，更好地传承龙泉青瓷技艺，培养龙泉技艺接班人，研究院积极与龙泉市委市政府联系、对接，经过努力，我们与龙泉市政府建立了校地合作关系，开始积极筹建龙泉青瓷学院。我们初步的设想是，龙泉青瓷学院是一所创业型学院，依托龙泉青瓷这一陶瓷类的人类非遗项目，通过整合政府、产业和高校教学科研等多方资源直接参与到地方经济的发展中，建设集"政产学研"于一体的新型学院，为我们地方高校的现代转型蹚出一条新路。

十多年前，大约是 2011 年，国家发出号召并出台了相关政策，大概的意思是要积极推动协同创新，通过体制机制创新和政策项目引导，鼓励高校和科研机构、企业开展深度合作，建立协同创新的战略联盟，促进资源共享，联合开展重大科研项目攻关，在关键领域取得实质性成果，努力为建设创新型国家作出积极贡献。实事求是来讲，一方面，当时的龙泉青瓷产业缺少科技力量的投入，相关科研攻关能力比较薄弱，尤其是当时青瓷行业的现状与其在历史上的辉煌时期相比，它的整个产值、技术水平和影响力等等还是有很大的提升空间的。另一方面，地方政府也越来越意识到，龙泉青瓷产业发展到这个阶段，要想突破瓶颈或者说迎来新的发展机遇，必须是要依赖于政府、高校、科研机构和青瓷行业的共同努力。

2012 年，教育部、财政部正式印发了关于实施高等学校创新能力提升计划的意见（即"2011 计划"），"2011 计划"的主要内容可以简要归纳为"1148"，也就是一个根本出发点、一项核心任务、四类协同创新模式的探索和推进八个方面的体制机制改革。具体是以"国家急需、世界一流"为根本出发点，构建面向科学前沿、行业产业、区域发展以及文化传承创新的四类协同创新模式，以创新发展方式转变为主线，推动高校深化八个方面的体制机制改革。

应该讲，我们是赶上了东风。丽水学院是丽水自己的地方高校。服务地方经济社会发展是我们最大的使命和责任。丽水学院龙泉青瓷协同创新中心就是按照当时"2011 计划"的精神和要求，由丽水学院牵头，以龙泉市人民政府、中国美术学院、景德镇陶瓷学院、浙江大学绿色建材及应用技术工程研究中心、浙江省工艺美术行业协会、浙江惠民集团为核心参建单位，通过前期的培育和体制机制创新，正式组建的非法人实体组织。中心的目标非常明确，以龙泉青瓷产业转型升级重大需求为导向，在丽水市政府、龙泉市政府的主导下建立核心层、紧密层、服务层三个运行层，以产业链为纽带，努力实现龙泉青瓷产业"百亿计划"。

丽水学院非常重视这项工作。龙泉青瓷协同创新中心的地址是在丽水学院的东校区，占地面积 2000 多平方米，建筑面积有 1 万多平方米，这在当时的地方高校来讲，规模还是比较大的。刚开始筹建时，我们在考察走访、座谈研讨、向上请示、反复征求意见的基础上，按照中心定位、功能需求、产业发展规划等相关要求，重点是结合我们自身实际，我们有些什么、能做些什么、提供些什么和解决些什么这个思路，初步组建了龙泉青瓷原料颜料研发与分析测试实验室、现代青瓷艺术设计与设计研究中心、龙泉青瓷快速制造服务中心、青瓷文化研究室和市场营销研究室。除此之外，中心还成立了以地方政府为主的指导工作组，同时成立了中心理事会，在创新人才培养委员会、监督委员会及专家委员会的指导下成立了中心运行工作小组，负责中心的日常运行工作，由中心管理办公室直接考核。应该讲机构是比较健全的。协同创新中心建立了"人才、科研、学科和社会服务"四位一体的服务目标，具体提出了三个"致力于"的目标：一是以龙泉青瓷产业需求为导向，致力于龙泉青瓷文化的弘扬和传承；二是致力于龙泉青瓷传统制作工艺的保护、提升和创新；三是致力于龙泉青瓷的可持续发展，打造地方文化，促进地方经济发展。中心按照"区域所需和国内一流"的要求，主动对接区域青瓷产业发展，通过校校、校所、校企、校地以及国际创新力量的深度合作，围绕科技创新和人才培养两条主线，强化体制机制改革和国际合作这两大保障，从而实现发展的目标。

中心刚成立时，研究力量就很强了。到后来，我记得中心总共有57 名成员，其中全职人员 10 名、兼职研究人员 20 名、管理人员 5 名。当时我呢，除了"书韵青瓷"之外，是浙江省首个"双职称教授"、硕士研究生导师、浙江省青瓷行业协会顾问、丽水学院艺术学院龙泉青瓷研究所所长、丽水市文化艺术研究院院长、丽水市龙泉青瓷颜料研发与创意设计创新团队带头人。2006 年的时候，龙泉市政府批准在龙泉设立"张建平教授青瓷研究工作室"，我已经着手开展了一系列青瓷创新的研究，以及龙泉青瓷非遗传承与发展创新团队服务，并组织了一批青瓷企业参与进来。我们在几个青瓷企业也建立了科研基地，指导这些企业研发新的产品，也取得了一些经济效益。同时，我也主持了中央财政资助项目、浙江省青瓷文化重点课题等研究项目。2008年，应邀为全国重点文物保护单位大窑龙泉窑遗址题字。那个时期也很幸运，已经受到了一定关注，拿到了一些奖项，比如"书韵青瓷"的多件作品在上海世博会、中国当代青年陶艺家作品双年展等重大活动中入展、获奖。我个人也获得了教育部颁发的"艺术教育先进个人"奖章、"校长艺术风采奖"等。多方面的原因吧，学校觉得我最合适，就让我来当中心的牵头人。

中心在人员配备上应该可以说是非常到位的。除此之外，中心还纳入了多个科技创新团队及相关企业。其中浙江省纳米材料及器件科技创新团队，突破了龙泉青瓷节能降耗技术、装饰用瓷产业化技术、高级青瓷的釉料配方、青瓷烧结专用窑炉工艺参数和烧结制度优化等关键共性技术，同时积极开展国内外的技术合作与交流互访，促进了规模化连续生产的实现。

有了这些扎实的基础，在学校的大力支持下，我们开始了省级协同创新中心的申报工作。我们在丽水学院创办了青瓷艺术馆，研制"书镌碧玉"系列和灰釉跳刀法瓷盘等彰显文化创新的青瓷艺术作品。我们积极发挥丽水学院独特的优势，对接青瓷产业需求培养专业人才、改革培养模式，以人才培养、原料研发、创意设计、文化研究、销售渠道建设为主攻方向，服务地方行业，促进区域经济发展。2015 年 5 月，在浙江省教育厅、浙江省财政厅公布的第三批浙江省"2011 协同创新中心"认定名单中，丽水学院"龙泉青瓷协同创新中心"名列其中。学校除了获得专项的经费资助外，在研究生招生、优秀人才计划、公派出国留学和交流等相关资源配置方面也获得了许多支持。这也为丽水学院后来兴办中国青瓷学院、增设陶瓷艺术设计专业打下了坚实的基础。

筹建大事

采访组：请您介绍一下筹建中国青瓷学院台前幕后的基本情况。

张建平：经过前期的发展、研究、生产、发掘、传承和保护，青瓷研发的氛围、时机都已经成熟，并且具有了一定的办学规模和经验，丽水学院在组织、专业、空间、干部、设施设备等方面已经具备成立中国青瓷学院的基本条件。最终，有这么几个因素是促成这个事情的契机。

2013 年 5 月，我记得当时省里主要领导来校视察，提出了丽水学院要把青瓷系办好的指示。这一指示给丽水学院的特色发展、跨越发展指明了方向，也在思想上、精神上给了全校师生，尤其是领导班子以组建中国青瓷学院巨大的信心和勇气。学校领导班子专题学习了省里和教育部相关文件的重要精神，并结合实际，深入开展了学习讨论。在学习讨论中，大家一致认为，突出强调特色、强调内涵，提高应用型人才培养质量，是奋力实现学校特色发展、跨越发展的守正创新之路。学校党委随即作出实施"特色办学，创新兴校"行动计划、成立丽水学院中国青瓷学院的重要战略决策，建设任务被提上了日程。

另一方面，就是地域优势得天独厚。龙泉青瓷作为人类非遗项目，是陶瓷艺术中历史最长、覆盖面最广、影响力最大的一颗璀璨明珠。在"一带一路"倡议背景下，龙泉青瓷作为重要的丝路文化遗产将发挥巨大而深远的文化影响力。在浙江省委、省政府关于建设文化强省、教育强省的精神号召下，在丽水市委、市政府的直接指导下，中国青瓷小镇凭借着上垟在龙泉青瓷发展史上的独特地位、良好的产业文化基础和老工业基地的旅游资源，已经成为振兴历史经典文化产业的一个示范样本，成为龙泉青瓷对话世界的一个窗口。丽水学院在自身的大学文化建设中也很有必要突出龙泉青瓷这一最具代表性的地方特色文化。

再者，青瓷专业是丽水学院特色发展与建设的重点专业，丽水学院是浙江唯一以青瓷专业为重点办学特色的高等本科院校。学校已经拥有龙泉青瓷省级"2011 协同创新中心"，这就是丽水学院得天独厚的优势。成立中国青瓷学院，利用好丽水地域的特有文化资源形成办学特色，是学校转型发展的需要；是学校从青瓷的角度打造特色二级学院的必然要求；是丽水学院经过深思熟虑，经过慎重研究，在院系调整"减法"的基础上，根据战略需要进行的一次重大的战略选择；是学校围绕办学特色，更好地服务丽水地方经济文化发展，让艺术类学科区别于其他高校，实现差异化发展的战略选择。

最后也是非常重要的一点，保护研究、传承发展青瓷的热潮已在浙江大地，乃至全国和世界范围内形成并不断升温，龙泉青瓷的发展将再次迎来新的高峰。高等教育对本土青瓷文化，对我国青瓷文化的传承和发展有着至关重要的促进作用，是有使命和担当的。龙泉青瓷要发展，就离不开人，离不开年轻人，离不开高素质的年轻人。人才是关键因素，通过人、通过人才，提升青瓷品位，促进产品研发与科研技术突破，带动形成新的经济增长点。基于以上诸方面的原因，成立中国青瓷学院自然是众望所归、水到渠成之事了。

在这样大好的时机面前，丽水学院中国青瓷学院在"十三五"开局之年——2016年的5月25日正式成立，它的前身是丽水学院艺术学院。在前面近十年的青瓷创作与研究的基础上，以学校总体办学目标为指引，坚持走"立足丽水、面向山区、服务社会"的特色办学之路，挖掘区域资源优势，深度对接区域产业转型升级和绿色生态发展，以学科建设为龙头，积极推动设计学和美术学学科交叉融合，形成文化创意产业和设计绘画类专业群，以提升解决区域经济社会发展重大问题的能力为主旨，以提高人才培养质量为目标，使中国青瓷学院成为具有深厚人文艺术素养和设计创新能力的专业技术人才成长的理想园地。

组织机构成立后，紧迫的任务就是内涵建设、专业建设了。时间过得很快，又一个五年过去了。学院目前大概有教职工80人，其中教授 6 人，副教授 10 多人；全日制在校学生有近 1000 人。中国青瓷学院目前是有美术系和设计系，下设美术学（师范）、环境设计、视觉传达设计（含青瓷方向）、摄影、陶瓷艺术设计、工业设计六个本科专业。主要依托学科为设计学，专业涵盖陶瓷艺术设计、视觉传达设计和工业设计。学院以中国青瓷为主要研究方向，力图实现青瓷工艺、青瓷设计、青瓷材料、青瓷包装、青瓷销售的全方位发展。

经过五年多时间的建设发展，目前中国青瓷学院已经建有龙泉青瓷教学与学生创业基地、美术与设计实训中心，拥有教育部全国普通高校中华优秀传统文化传承基地——中国青瓷传承基地，也是浙江省仅有的五个优秀传统文化传承基地之一。另外还拥有浙江省"2011计划"重点项目——龙泉青瓷协同创新中心。这几个都是丽水学院重量级、含金量非常高的特色育人与科研平台，在原本的建设基础上，目前设有特色专业人才培养委员会、专家工作站等机制。此外，学院拥有"龙泉青瓷艺术创新人才培养""国画青瓷《绿水青山——泉涧》（2019 年度青年艺术创作人才资助项目）"两项国家艺术基金项目，国家文化创新工程项目"中国龙泉青瓷创新工艺研究"，中央财政实验教学平台——产品设计与创新综合实验中心，校级重点培育项目——古堰画乡艺术传承与拓展协同创新中心，以及丽水市重点科技创新团队——龙泉青瓷原料研发与创意设计创新团队。建有大学生校内创新实践基地艺术设计工场，校外教学研究基地龙泉君德瓷厂、古窑瓷厂、中国青瓷小镇等，校外写生基地古堰画乡在水一方艺术村、沿坑岭头、岩下石头村等。

值得一提的是，陶瓷艺术设计专业为丽水学院特色专业，是对接陶瓷产业传统工艺传承与发展所需的特色专业。我们在2003年开设工艺美术专业（青瓷方向），同年建立陶艺（青瓷）实验室，2009年正式招收青瓷方向本科生。2017年，经教育部审批，丽水学院成为继清华大学、中国美术学院、景德镇陶瓷大学等高校后少数几个拥有陶瓷艺术设计专业的高校之一，这也是非常重要的一步。中国青瓷学院成立之后，在原来的基础上开设了专业课程，主要有"成型工艺""创新思维与表现""陶塑""青瓷设计与制作""模型设计与制作""烧成工艺""陶瓷釉上装饰""中国陶瓷史""日用陶瓷工艺学""陶艺首饰设计""日用器皿设计""陶瓷产品装饰设计"等。学院协同地方优势资源，已聘请除了我以外，包括联合国教科文组织国际陶艺学会主席托比恩·卡瓦斯博教授在内的20多位国内外知名专家、学者、大师任兼职教授，直接参与学生指导与教学工作。目的是想通过模块化教学、双师培养，融合工艺、艺术、设计、国际交流，培养具有国际视野，可从事与文创产业相关的陶瓷艺术设计、制作、研发、管理、教学、培训等工作的专业人才。

除了内涵建设、专业建设的发展之外，"校地合作，融合发展"也是中国青瓷学院一大发展特色。这几年来，学校与龙泉市政府、青瓷企业等通过合作办学、平台共建、资源共享、教材共编、创新科研等重要举措，打造现代化产业学院，在培养现代应用型青瓷人才，助推青瓷产业发展，传承青瓷文化等方面都取得了丰硕的成果。有两件事情值得一说。

上垟镇在2012年被中国工艺美术协会授予"中国青瓷小镇"称号，2014年成功创建国家4A级旅游景区，成为振兴历史经典文化产业的一个示范样本。2016 年 5 月，上垟镇被评为浙江省十个"示范特色小镇"之一，同年 10 月，又被住建部定为第一批中国特色小镇。就在这个青瓷小镇上，我成立了个人的专家工作室。2017 年 7 月，在纪念"五大名窑"恢复六十周年之际，中国青瓷学院在中国青瓷小镇成功挂牌，这是青瓷小镇与中国青瓷学院合作共建的新起点。在成立仪式上，作为专家代表，我受邀做了一个发言。我们想通过这一重要的平台，既借助龙泉青瓷得天独厚的历史文化、行业产业资源优势，形成专业学科优势，办出学校特色，进一步深化我校与龙泉的合作；又努力为特色小镇建设注入新活力，充分发挥我校在人才培养、科学研究、产品研发等方面的优势，探索一条校地、校企合作，资源统筹，融合发展的新路子，助推龙泉青瓷人才培养、文化传承和产业创新。

2018 年 11 月，在首届世界青瓷大会召开之际，丽水学院中国青瓷学院挂牌仪式在龙泉中职校举行，来自国内外的专家学者、企业负责人及青瓷行业的大师代表集聚于此，共同见证这一历史性时刻。联合国教科文组织国际陶艺学会主席托比恩·卡瓦斯博、校党委书记、校长以及龙泉市委的主要领导都出席了这一活动。此前，围绕青瓷行业共性关键技术研究，市校双方共同承担浙江省重大科研项目，并已取得了一些科研成果，如学校与龙泉金宏瓷业公司合作的强化瓷、3D 打印项目取得了省市科研成果奖。应该讲，丽水学院中国青瓷学院挂牌，重新整合青瓷工艺教学力量，是市校双方多年合作基础上的又一标志性举措，开启了市校、校校深度合作新征程，对龙泉市和丽水学院中国青瓷学院双方都具有十分长远的意义。同时也为龙泉青瓷产业发展提供了强有力的学术、技术和人才支撑，加快了龙泉青瓷文化产业复兴和发展的步伐。

国际化发展也是近几年学院发展的一大特色。龙泉青瓷作为中华文化的代表，一直是海上丝绸之路最重要的文化、商品输出，也是中国与其他国家友好关系源远流长的历史见证。从考古发现及沉船发掘的情况看，龙泉青瓷曾通过海上丝绸之路销往东北亚、东南亚、南亚、西亚甚至远达东非。陈桥驿先生在《〈龙泉县地名志〉序》中曾提及国际著名古陶瓷学家三上次男博士撰述的《陶瓷之路》一书："路线从中国东南沿海各港口起，循海道一直到印度洋沿岸的波斯湾、阿拉伯海、红海和东非沿岸。在这些地方，据三上博士目击，无处没有龙泉青瓷的踪迹。这条漫长的'陶瓷之路'，实际上就是中国陶瓷特别是龙泉青瓷所开拓出来的。"

2018年，我的作品《龙师火帝》被选为当代青瓷代表作，送往联合国总部和美国各大城市巡回展出；代表作《有容乃大》被美国哈佛大学永久收藏。

为了让更多东南亚国家的民众了解青瓷文化，同时也给中泰两国的陶瓷爱好者以及专家提供更为广泛、深入的交流平台，2018年8月，由泰国东方大学孔子学院联合泰国春府大众教育慈善促进会、丽水学院中国青瓷学院、龙泉青瓷协同创新中心共同筹建的海外首家"中国青瓷文化学堂"在泰国春府大众国际学校揭牌成立，海外首家"中国青瓷文化学堂"应运而生。泰国各相关社团、侨团组织负责人，中泰陶瓷专家，中泰师生代表，中泰媒体代表等300余人出席了当天的揭牌仪式。"中国青瓷文化学堂"主要致力于中泰陶瓷文化交流，包括中国青瓷作品展、中国青瓷文化讲座、中泰陶瓷专家学术研讨、中泰陶瓷专业师生互派交流等活动。

总而言之，中国青瓷学院是丽水学院的一张金名片，我们要矢志不渝地擦亮它。我们要通过一届又一届班子、一代又一代人的共同努力，积极地践行"青瓷+"战略，积极地探索文化遗产保护和传承人才培养新模式，努力将中国青瓷学院建设成为世界青瓷研究的新标杆、国家青瓷人才培养的新中心、助力地方文化经济发展的新样板。

探索青瓷非遗传承人的高校培养模式

采访组：您怎么看高校手工艺或者青瓷专业的师徒制传承模式？

张建平：龙泉窑青瓷历来是不断保护传承与发展创新的产物，更是官方与民间不断紧密协作的结果。现代龙泉青瓷也是一样，各地各级非物质文化遗产传承人与工艺美术大师如雨后春笋，不断冒头，欣欣向荣。改革开放以来，全国各大院校及研究机构的专家学者们也纷纷加入龙泉青瓷传承发展的事业中。

师徒制是我国古代教育史上非常重要的教育教学模式，千百年来的教育实践已经证明，这种教育方式最适合手工技艺的传承，曾经为中国古代传统手工艺的传承作出巨大的贡献，它的影响也一直延续到今天。中华文明历史悠久，数千年历史长河中涌现过许多良师高徒，也流传着不少师徒佳话。龙泉青瓷传统上是家族世代相承，也是师徒制。师徒制最核心的东西是强调以人为本，因材施教，教学相长，因地制宜。它符合传统手工技艺的特点和传承要求，能够兼顾规范与个性、技术与人文、理性与情感，具有适应性、开放性和包容性，对于保护和传承中华优秀非物质文化遗产，起到了十分关键的作用。目前教育界对师徒制的重视显然是不太够的，也有少部分人认为这种旧时代的刻板的教育模式在今天应该被淘汰。不可否认，在过去的教育环境下，师徒制的确是有封闭性相对较强，教学规模相对较小，教学速度相对较慢，满足不了大规模、高效率的教育需求这样一些弊病。尤其是新中国初期到改革开放初期这段时间里，我们国家要从一个落后的农业国转变为先进的工业国，满足人们日益增长的物质文化需要，这些任务的实现需要大量的人才资源作为保障，而这么多合格的社会主义建设者和接班人要从哪里来呢？只能通过教育。那个时候有句口号叫做"多快好省"，形势所迫，那就只能是利用有限的师资和时间去培养尽可能多的人才。

没有一种模式或者方法是完美无缺的。如今，时代不同了，条件变好了，我们不能用老眼光去看问题了。我认为不能再一棍子打死，要科学辩证地来看待这个问题。国人的整体受教育情况已大大改善，国家的师资力量和办学力量也有明显提升，国家的人才需求层次大大提高，特别是党的十八大以来提出的人才强国、文化强国战略，创新驱动发展战略，联系到我们国家长期以来过于侧重班级授课制，对其他教育模式有所偏废的情况，经济社会发展所需的"创新型、复合型、应用型人才"缺乏的问题始终存在。实际上，班级授课制所带来的一些问题和局限也已日益凸显。

时至今日，我们越发清楚地看到文化是国家软实力的重要组成部分，如果丢掉了文化主体意识，只知盲目跟从和一味模仿，就算你学得再好，也永远是落后。我在职业学校呆过不少年头，今天我们职业教育中的现代学徒制就是从传统的学徒制当中演化而来的。因此，联系实际、取其精华、去其糟粕、守正创新、培养"大国工匠"就变得格外重要。而且，在如今这样一个新时代，全民保护传承、改革创新传统工艺的意识普遍增强，特别是 2011 年国家正式颁布实施了《中华人民共和国非物质文化遗产法》，2017 年文化部等又印发了《中国传统工艺振兴计划》，"振兴传统工艺"已成为一项重要政策。但如何能够实现振兴呢？振兴就是发扬，发扬的前提条件是能够继承和保护，如果解决不好传承问题，振兴便无从谈起。全国各地的传统工艺项目均有经过认定的各级非遗传承人，这些非遗传承人的使命首先当然应该是传承。但是，随着时代的急剧变革，这些非遗传承人的素质水平面临着更加迫切的与时俱进的问题和要求。现代国民教育体系建立以前，传统工艺并没有过传承方面的问题。然而，当现代国民教育体系建立、班级制的主导地位完全确立之后，本该借着教育普及的东风得到进一步发展的传统工艺反而出现了传承危机。为什么呢？好像是不应该啊，我们仔细推敲一下，显而易见的，除了毕业生们的职业选择更加自由和多元化，整个社会普遍崇尚脑力劳动而轻视体力劳动，大学生普遍更愿意成为白领阶层而非技术工匠这些外部原因之外，非常重要的一个内部原因就是师徒制人才培养模式被长期排除在了学历教育的体系之外。这样一来，追随师傅的、年轻的学徒即使经过长时间的艰苦习艺，学到了真本领，拥有了真本事，还是拿不到文凭，也就是学历证书。而在这样一个需要能力，更需要文凭的社会里，学历可以说是一个人求职就业的敲门砖，升迁晋级的垫脚石，没有文凭对于一个人的职业生涯发展是非常不利的。因为有了这层利害关系，即便民间喜爱传统工艺的年轻人很多，可其中绝大部分终究还是不能义无反顾地投入拜师学习的实践中去，由此导致有天赋的年轻人不愿从师，再高明的师傅也难觅徒弟。另一方面，学历教育体系内对工艺人才的培养也面临种种限制，存在较多短板。首先是师资力量的欠缺，老师很难找。民间师傅不愿意来，来了大多也教不了。原来学校的很多老师更多的是长于理论而短于实践，并不充分了解和掌握传统工艺的制作技法，难以向学生传授纯正、精湛、系统的手工技艺。其次是学校教育的教学场所主要在课堂，虽然可以外出进行短期的实地培训，但总体上得到的锻炼还是比整天泡在作坊里生产劳作的师徒制少得多。另外，从整个教学体系来讲，过去学校文化课、理论课的比重偏高，某种程度上挤压了专业训练的时间，而手工艺人的水平最需要大量的实践锻炼来提升打磨。

从历史使命和发展责任的角度而言，为了改变这种局面，丽水学院中国青瓷学院的成立和建设也是高校传承传统工艺、保护非物质文化遗产的题中之义。在今天，要想从根本上解决好传统工艺的传承问题，必须要依靠以学校为主体的学校教育，这是传承保护传统工艺的非常必要的体制保障。因此，对于从事龙泉青瓷这项传统工艺的手工艺者，尤其是其中从事高等教育的教育者来说，在为此感到庆幸的同时，更重要的是要积极思考如何用教育创新来回应或应对非遗传承；如何将传统手工艺的这种传承模式创新运用到现代高校的教育教学体制中，改革创新原有的教育教学体系与方式，提升高校对于传统工艺的教学水平，强调中华优秀传统文化的弘扬与滋养。这种新时代的非遗项目在高等教育中的传承实践是非常迫切和重要的。

古语有云："国将兴，必贵师而重傅；贵师而重傅，则法度存。"从传承这个角度来看，我们高等教育的主要任务是培养一大批新时代高素质的青瓷工匠，甚至于哲匠，使精益求精的工匠精神成为他们的行为准则和价值取向。但是我们也知道，随着工业化快速发展，机器逐渐取代人工劳动，手工工作变得简单，学徒不必向师傅学习复杂的工艺，加上工业化时代班级授课制的确立和发展，我们现在看到的很多青瓷是机器流水线生产出来的，严格意义上来讲，它们不能被称为作品，只能算是工艺品。当然这些也是市场需要的，生活需要的。然而对于我们的教育来讲，最终还是要归结到"人"身上，要围绕人的发展，带动青瓷产业向更高层面发展，不能脱离开这一点。因此，从这个意义上来讲，我们高校师徒制的教学组织形式，肯定是要突破传统意义上的师傅带徒弟、父亲带儿子，这个"师"应该延伸拓展为更普遍意义上的"教师"，"徒"可以是更宽泛意义上的"学生"。

青瓷艺术是一门将技术、工程、艺术等多门类知识融会贯通的综合性应用学科，同时还带有明显的实践性、实验性特征，有着许多我们称之为"言不尽意"的默会知识，如果不经过长期的亲身实践和反复试验，很难掌握其中的要领。再加上目前来讲，高校的教学方法比较单一，教学内容不够综合，教学空间大多也是局限在课堂里，主要还是依赖课堂讲述和理论学习，创造力和创新精神的培养肯定是比较缺乏的。学徒制更多的是口授心传、亲手操演和细致点拨，是一对一、手把手，更加侧重于观察、交流和训练，是因材施教、因地制宜和践行启发式的教育，学习效果也常以最终成型的作品来衡量，通过实践让学生循序渐进地掌握知识技能，解决实际的问题，甚至于能够独立创作。此外,普通高中升学上来的学生这方面的基础普遍不高,专业素质和能力需要在大学期间有一个质的飞跃和提高。因此,如何在今天正确地看待和应用好师徒制,完善我们的人才培养模式,让它在传承传统工艺和发扬非物质文化遗产中充分发挥关键作用,是大家一直在思考和探索的重要课题。

　　还有一点非常重要,我们中国人的文化传统讲究"器以载道"的造物思想,师徒制传承的也不仅仅是技术技艺。古语有云:"子以四教:文、行、忠、信。"这句话也告诉我们,师傅需要传授给徒弟的不仅仅是知识技艺,还包括商品意识、服务市场的意识,更包括为人处世的道理。只有德艺双馨,方能为人师表。在古代,要拜师,师傅除了要考验来拜师之人的悟性、天赋、个性之外,往往还要综合考察那个人的品德、性情、身世,通过综合考察后才会考虑收徒,求学的门槛是非常高的。当然也有的往往是局限在家族内部,靠血缘关系来传承和维系,甚至是男女有别、传男不传女,有很强的亲密性和稳定性。龙泉青瓷的家族传承也是如此。在古代,掌握核心技能是生存的必要条件。所以徒弟呢,只有尊师重道,对师傅是要极其尊重的。不仅要从师傅那里学知识、学技术,更要从师傅那里学品德、学做人的道理,并且要打心眼里喜爱和认可这门行当,这样才会持之以恒,勤学苦练,不辞辛劳,不断进德修业,有朝一日才能为人师表。可见除了技术教育,道德教育、人格教育也是非常重要的一部分。

　　总体来讲,青瓷专业的师徒制传承模式会大大提升学校,尤其是高校在非物质文化遗产保护、技术传承、理论研究等层面的工作的广度和深度,为师徒制应用于本土龙泉青瓷艺术专业教育的探索实践提供了有益经验。

大师工作室

采访组: 您是如何践行龙泉青瓷艺术师徒传承的?

张建平: 比较核心的有这些要素吧。一个是大师工作室制度。在中国青瓷学院关于龙泉青瓷艺术专业教育的教学实践中,日常教学之外,这几年已经在逐步尝试实行大师工作室制度,并且已经看到了实际成效。以我自己为例吧,我自己目前主持了学校名师工作室,建有书韵青瓷博物馆,也就是教学实践空间。当时学校非常重视项目的启动建设,安排了专项资金,我们没有请大师设计,完全是我自己亲自设计、亲自指导施工团队、亲自安排软装。从室外到室内,从门厅、展厅到展示空间,从风格、色调到灯光,全部都亲力亲为。我爱人都说,我对这个书韵青瓷博物馆的建设比对自己家里的装修还要上心、还要投入。当然我们也有自己的团队,老、中、青搭档,是一支多学科、高水平、多元化的队伍,既融合交叉,又各自独立。团队成员不仅仅是青瓷学院、丽水学院的老师,也有龙泉地方和其他高校的老师、技师,还有专门从事非遗传承、青瓷艺术的研究人员。成员如吴新伟、沈其旺、王拥军、李岩、俞锦辉等,大多年轻有为,我与他们一起苦心钻研、群策群力,不断碰撞出智慧的火花。在工艺探究上,我与技师们打成一片,切磋技艺,试验新工艺,互学互帮,融合创新。成员如高级工艺美术师陈永德、毛丹峰、陈志栋等,现在都已经成长为大师了。另外,在教学实践上,我建立了自己的创业基地,独立烧制各类青瓷，并承担了指导学生学习体验青瓷工艺、培养高级技工、组织原料配制与烧成时间等多项工作。有人说文人相轻，我不赞同这种说法，我觉得应该改为文人相重、艺人相拥。我搞作品向来不忧心自己做得不好，更不计较他人说三道四，会积极领受他人的意见。到目前为止，我们的团队业绩频频出彩，深受好评。

应该讲，这种大师或者名师工作室制度，一定程度上改良了传统的教学管理方式，活化了艺术专业的教学规律，完善了学科管理制度与评价机制。教学工作主要是团队中年轻的教师在主持，工作室也是为不同类型、不同风格的教师搭建了一个合作与交流的平台，教师之间其实存在着"传、帮、带"这样的一个结构和机制，取长补短，相互促进。工作室制的教学团队制度，也在一定程度上保证并提升了教师们的集体荣誉感，以及带头人的教学思维先进性。以中国青瓷学院开设的陶瓷艺术设计专业为例，按照我们现有的空间、人员等各方面的基础，在保证课堂教学的大前提下，可以根据发展的需求、方向和类型做一些分类，采用导师制的模式。学生可以根据特长方向、兴趣爱好和导师进行双向选择，在相对固定的教学、实践空间开展教学活动，按照情景教学、因材施教、合作学习的原则，形成"一对一""一对多"的教学模式。当然，工作室之间也可以开展竞争性的管理和评价机制。目前，我也有几个学生跟着我学习，他们很好学，也很自觉，除了吃饭、休息和日常的学习，课余时间基本都在我的青瓷展馆里。学生也不完全是来自中国青瓷学院的，就是有所了解了，自己喜欢，加上有绘画或者书法方面的基础，到我这里来之后，经过绘画、书法、刻划、布展、讲解等等全方位的学习和训练，进步和成长非常快。有的甚至已经改变了自己原有的专业方向、就业方向，开始从事青瓷艺术方面的工作了。后来，中国青瓷学院又陆续建设了学生优秀青瓷作品展馆、教师优秀青瓷作品展馆，这些都是很好的平台和基地。

第二个是"寓学于练、寓练于做"的项目化的教学方法。这个也是吸收了传统师徒式教学方法的真谛。在实际的青瓷艺术专业师徒传承的教学过程中，我们目前更多的是尝试采用任务驱动式的学习。就像过去当师傅接到了一个活，往往会让徒弟们一块儿参与工作，甚至是先尝试放手交给徒弟独立完成，这个当然是要在徒弟已经有一定技术水平的前提之下。具体来说，因为前面已经有了课堂教学的基础和铺垫，会有一些综合性的或单项的任务。可能是雕刻，也可能是绘画、书法、设计、布展、包装等等一切相关的周边任务。这个过程中，老师会引导，会总体指导，但是不会手把手去教，不会直接说出正确答案，学生们需要花时间和精力去观察、参与、模仿、交流、发问以及动手等等。大家可以结成伙伴、结成团队，可以质疑，可以发问，中间必然会遇到许多困难，同学们必须运用自己之前所学的和实践中的积累去进行分析，直到找出解决问题的答案。协调、适应这些困难的过程，就是知识、经验的建构过程，就是"寓学于练、寓练于做"的过程，或者简单地说是"学中做、做中学"，这是真正真实的、有意义的一个建构性学习过程。学校现在也建有青瓷体验工坊，这也给"寓学于练、寓练于做"的项目化教学提供了非常好的空间。

古话说："三人行，必有我师焉。"我自己的教育理念是"老师是站着的学生，学生是坐着的老师"，我们有一些学生的悟性或者某一方面的基础是比较出色的，甚至是出类拔萃的。在这样一个"学中做、做中学"的过程中，我们也非常注重师生或者说师徒之间的互动。众所周知，大班教学当中，老师和学生在几十分钟内的交流互动是受到很大局限的，仅有的交流可能针对性也不一定很强，也不一定是能适应真实场景、解决真实问题的，很多时候还仅仅停留在想象和讨论的阶段。如果学生基础比较薄弱或者老师创设的情景与学生现有的认知体验有比较大的差异的话，这种教学效果是不够理想的。我们这种师徒制的教学在这方面的情况就会有很大的不同。刚才也说到，我们有大把相处的时间，有时候也不拘泥于是课上还是课外，特别是对于现在的我来说，没有什么课上课外之分，我们有大量的时间相处、沟通、碰撞、思考，知识、技能甚至是生活也是共享互惠的。工作室经常要承担来自学校的各方面接待的重要任务。接待也是一门大学问，我们接待过很多嘉宾，孩子们从筹备、迎宾、讲解、泡茶等等各种细节入手，从刚开始的茫然无措到现在的不卑不亢、有礼有节、处变不惊，成长速度非常快。这些东西在一般的课堂上学不到，在一般的课程和教材里也学不到。当然，最重要的是在大把共处的时间里，学生动手的能力得到极大的增强，他们是在一个真实的学习、工作、创作环境中，而不是虚假的，不是想象的。这个过程中，学生学习时产生的疑问可以得到及时解决，他们会表达学习的收获，甚至于情感上碰到的问题也会和你聊聊。新时代的高校的、科学的师徒制使大家更加平等。虽然我是一个50后，现在的学生大多是00后，甚至05后也上大学了，但我不会固执己见，更不会倚老卖老，我自己的心态、体态都还是很年轻的，也是乐于听取学生的想法和意见的。在具体实践中结成团队，开展合作，分享感受，探究成果，交叉融合，思考批判，实际上也是一个力求共同提升、共同进步的过程。比如为庆祝建党一百周年，在 2020 年春节后，学校就定下了 2021 年 7 月要隆重举行"庆祝建党一百周年青瓷特展"的计划。寒假里除了过年那几天，几乎没有安排休息的时间，我带领着团队包括学生在内，早早就着手启动策划、设计、写作、绘画、创作、雕刻、烧制、布展、接待、讲解、志愿服务、宣传片摄影摄像等工作，到 7 月初，大展在丽水市博物馆成功举行，我领衔的 100 件青瓷展品在丽水亮相，在省、市收获广泛好评。在这个项目中，从始至终都有我们的学生参与，实际上他们和年轻老师的收获是最大的，成长也是最快的。

第三个就是重视服务市场的业务能力的培养。传统的师徒制传承更加注重技艺的训练，对市场的观察或研究往往没有那么及时和关切。高校的重要职能之一是服务地方经济社会发展，高校培养的人才最终是要走向社会的。对于手工艺或者设计类学科来讲，有的时候如果忽略了或者接触不到市场调研、加工生产、售后服务等环节，就容易导致学生在学习中闭门造车。如果方案没能与现实接轨，结果经常是创意很好、造型突出，但是容易出现比如说制作难度和生产成本过高，缺乏技术与经济上的可行性，或者技术与经济上能够实现量产，但和消费者的实际需求南辕北辙，经不起市场考验等问题，最终同样只能胎死腹中，孤芳自赏。如果不贴近市场，所学不能很好地服务于社会，这显然与我们大力培养应用型人才的战略定位不符。师徒传承中，师傅应着重培养徒弟的职业能力，而非艺术表现或理论研究能力，这是典型的应用型教学。我们就在龙泉，我们就在长三角一体化城市，我们离市场很近，所以我们的学习就应该包括商品服务市场、服务人的这种指向性。在大课堂教学、工作室教学，以及项目化、任务型驱动教学的基础上，中国青瓷学院这几年来也积极尝试着与龙泉的青瓷企业建立校企合作关系，与龙泉市金宏瓷业有限公司、浙江天丰陶瓷有限公司、龙泉瓯江青瓷有限公司等都建立了合作关系。除此之外，中国青瓷学院特聘了龙泉青瓷烧制技艺代表性传承人、中国美术学院教授、中国美术家协会陶瓷艺术委员会成员等专家与学生们进行研讨交流、专业指导。除了龙泉青瓷的生产研发之外，这几年中国青瓷学院还将研究方向拓展到了青瓷设计、青瓷材料、青瓷包装、青瓷销售等领域。目前我们希望更加深入探索的是组织师生围绕着同一个项目实施教学活动，项目的实施与教学的开展是同时进行的，最终需要形成一个具有市场价值的完整作品或设计方案。项目可以是正在进行中的，也可以是以往的案例。我们采用的是双导师制度，教学人员由学校教师与企业内成熟的匠人或管理人员共同组成，而学员不只是学生，还是徒弟，更是企业员工。在项目开发训练的过程中，教学人员要像师傅指导徒弟那样，一丝不苟地带领学员进行项目分析、设计、开发与实现，认真对待每个细微环节。在产品验收时，则要像企业要求员工那样严格对待学员，以市场的标准来衡量和评价他们的项目成果，出现任何错误都要及时纠正，将误差控制到最低。

中国青瓷学院将同龙泉企业通过深入地合作办学、平台共建、资源共享、教材共编、创新科研，打造现代化产业学院，培养青瓷手工艺应用性、复合型人才，助推青瓷产业发展，传承青瓷文化。这种培养方式会使学生们的学习与现实社会紧密联系，他们的视野和思维不会被局限在青瓷产品的创意或生产技艺上，而能够有意识地关注真实世界的设计原则、销售原则，参与真实的设计开发流程、产品研发过程。这样一来，应该讲是尽可能地保障了学习过程中知识的连续性和完整性，让学生充分重视消费需求，找到项目流程里每个任务之间的关联性，对已有知识点进行实践性运用，以市场化、产业化的标准去衡量最终结果。从而获得青瓷项目在创作、设计、开发时十分依赖的、经验化的一些知识。通过在项目过程中与校内外负责师傅的交流合作，可以迅速地提高沟通、创造、管理及团队协作等能力，使同学们得到综合全面的发展，一定程度上可以有效避免传统教学过于形而上、重创意轻实践的弊端，更加符合实际岗位的需要，从而突出了我们人才培养的市场指向特征。

采访组：您认为高校对于龙泉青瓷非遗项目的传承和弘扬发挥了哪些作用？

张建平：技艺为骨，匠心为魂。大力弘扬工匠精神，厚植工匠文化，恪尽职业操守，崇尚精益求精，完善激励机制，培育众多中国工匠，打造更多享誉世界的中国品牌，推动中国经济发展进入高质量时代。我觉得这些都是进一步传承和弘扬龙泉青瓷非遗项目的新时代高等教育供给侧结构改革的迫切要求。

中国古代传统的工匠也是分类型、分层次的。以体力劳动为主的，有简单技术基础的叫做劳作型工匠，《考工记》里的"百工"指的就是这一种类型。有熟练的技术或者专门技艺的叫做技艺型工匠。造诣和修养比较深厚的，具有智慧思考和创新能力的，我们叫做创造型工匠，现在也叫做"哲匠""意匠"或者"大师"。最后一种主要侧重于管理和统筹、促进技术转化的，我们叫做管理型工匠。龙泉近代以来的青瓷工匠主要还是受到地域、时代、社会氛围等各方面的限制，以第一、第二种类型居多。对于高校来讲，我们的定位就是高素质应用型人才，所以目前来讲，我们的培养目标也是基于这样的层次和类别，努力朝着"意匠""哲匠"还有管理型这几类人才去培养和发展。一方面，高校是人才培养的高地，地方应用型本科院校还是要以学科作为基本依托，将创新型人才的培养与重要非遗项目作为高等教育专业人才培养的重要内容，迅速提升人才培养质量，进一步实现批量化培养。另一方面，重要的非遗产业一般为区域经济特色产业，有的可能还是支柱型产业，通过非遗类的高水平学科专业、专业群的建设，可以直接有效地扩大非遗的传承力度和影响效力。与此同时，还可以深入挖掘非遗学科与美术、建筑、音乐等其他艺术类学科的内在联系和组群逻辑，充分发挥"人无我有，人有我优，人优我特"的资源优势，探索构建具有非遗特色的多学科交叉融合的专业体系。这也可以成为浙江山区126县教育提质增速的有效途径。

采访组与张建平合影

张建平年谱

1954年5月，出生于浙江龙泉。

1973年9月至1975年10月，在龙泉县双岭公社知青务农。

1975年10月，考入杭州大学体育系，开始两年的大学求学生涯。

1977年8月至1984年9月，回到家乡龙泉工作和生活，成了一名少体校篮球教练。在龙泉工作时，张建平一有时间就去龙泉青瓷研究所，感受青瓷文化的熏陶。

1977年8月至1995年6月，历任龙泉一中教师、副校长，龙泉市教委党委书记、主任。

1995年，中国工艺美术大师毛正聪将其作品《一念之间》赠予张建平，上面刻有张建平的书法笔迹"鸿鹄之志足下始"。此事对张建平触动很大，他开始投身到青瓷与书法的融合创作中。

1995年6月至2000年8月，历任浙江松阳师范副校长、党委副书记（主持工作）、党委书记、校长，丽水师范专科学校党委委员、副校长。

2000年，购买已故大师毛松林的一件薄胎青瓷作品，是张建平亲身步入青瓷领域的契机，之后逐渐成长为青瓷行业的第一个二级教授。

2000年12月至2003年9月，任丽水职业技术学院党委书记、院长。

2003年9月至2004年12月，任丽水职业技术学院党委书记。

2004年12月，任丽水学院党委副书记、纪委书记。

2006年，经过龙泉市政府的批准，在龙泉设立了"张建平教授青瓷研究工作室"，开展了一系列青瓷创新研究，组织龙泉青瓷非遗传承与发展创新团队服务一些青瓷企业，在几个青瓷企业建立科研基地，指导这些企业研发新的产品。同时，主持了中央财政资助项目、浙江省青瓷文化重点课题的研究项目。

2007 年，张建平带领丽水学院艺术专业教师赴景德镇考察，原景德镇陶瓷学院院长周健儿聘张建平为该校硕士生导师，张建平第一次在白泥胎上挥毫泼墨，其第一批青花釉下彩陶瓷书法作品诞生。张建平自此开始了书法入瓷的艺术研究之路。

2008 年，张建平应邀为全国重点文物保护单位大窑龙泉窑遗址题字。多件"书韵青瓷"作品在上海世博会、中国当代青年陶艺家作品双年展等重大活动中入展、获奖。张建平个人获得了教育部"艺术教育先进个人"奖章、"校长艺术风采奖"等。同年，丽水学院成立龙泉青瓷研究院，时任学校党委副书记的张建平担任院长。

2008 年至 2014 年，张建平领衔的龙泉青瓷研究团队共完成省部级课题 20 余项，出版论著 3 部，发表学术论文 20 余篇。青瓷研究团队成员的新作陆陆续续在上海世界博览会、上海艺术博览会、中国工艺美术"百花奖"、中国当代青年陶艺家作品双年展以及浙江工艺美术精品博览会等重大活动中入展、获奖。

2013 年 8 月，任丽水学院副院级巡视员。

2013 年 10 月，张建平的青瓷作品《瓯江源》凭借其隽永高古的书画设计和温润如玉的厚釉效果获第三届 COCA 世纪"金陶杯"大奖赛"视觉艺术金奖"。

2015 年 5 月，张建平领导的龙泉青瓷协同创新中心被认证为第三批浙江省"2011 协同创新中心"，为丽水学院后来兴办中国青瓷学院、增设陶瓷艺术设计专业打下坚实基础。

2016年5月25日，丽水学院中国青瓷学院正式成立，前身为丽水学院艺术学院。

2016年10月，在龙泉青瓷小镇上垟镇成立了张建平个人专家工作室。

2017年9月，中国青瓷学院在中国青瓷小镇成功挂牌。在成立仪式上，张建平作为专家代表受邀发言。

2018年，作品《龙师火帝》作为龙泉青瓷创新代表作被送往联合国总部和美国各大城市巡回展出。作品《有容乃大》被美国哈佛大学永久收藏。

2020年春节后，张建平带领团队筹办庆祝建党一百周年青瓷特展。2021年7月，"圆梦·书韵青瓷展"在丽水市博物馆成功举行，张建平领衔的100件青瓷展品在丽水亮相。

2022年9月，"文兴丽水 瓷说中国"喜迎二十大书韵青瓷展在龙泉青瓷博物馆开展，展出作品讲述了中国故事、丽水故事，集中体现了龙泉青瓷这一文化瑰宝在新时代的华丽绽放。张建平为本次展览的策展人。

由来国器崇文化　自好家珍守艺传

——70后家族传承匠心"守艺人"李震

采访对象　李震

采 访 组　徐徐、陈文正

采访时间　2020年5月16日　2020年8月4日　2021年8月9日

采访地点　李震先生家中　大师工作室　龙泉市李生和青瓷博物馆

大师简介

李震，1973年出生于龙泉宝溪。"李生和"第五代传人、高级工艺美术师、中国人民大学特聘教授、浙江海洋大学客座教授、北京香文化促进会学部专家团成员、浙江省非物质文化遗产龙泉青瓷烧制技艺代表性传承人。

李氏传承谱系

李先明
（生于咸丰辛酉年十月十九日午时，终于光绪癸巳年十月十四日丑时）

- 李君义（生于光绪壬午年六月十七日卯时，终于一九四九年七月）
  - 李怀珍（生于光绪戊申年八月二十日辰时，终于一九六九年四月）
    - 李仁宾（字九林）
      - 李峰（仿古青瓷）
      - 李震（仿古青瓷）
    - 李仁荣（字九荣）
  - 李怀宝（生于宣统庚戌年七月廿五日卯时，终于一九五一年七月廿八日）
    - 李素芬
    - 李丽芬 → 李轶星（仿古青瓷）
    - 李美芬
  - 李怀德（生于一九一七年十一月廿二日戌时，终于一九八九年十一月初五日） → 李素金 → 李志明（仿古青瓷）

- 李君生（生于光绪乙酉年七月初一日寅时，终于一九二七年十一月三十日）
  - 李怀水（生于一九一六年七月初一日丑时）
  - 李怀有（生于一九一八年八月十九日子时）
  - 李怀善（生于一九二六年十月初九日申时）
    - 李忠林（青瓷）
    - 李成汉（青瓷）

- 李君赐（生于光绪丁亥年九月廿三日子时，终于一九五四年）
  - 李怀铨（生于一九一四年正月廿二日辰时，终于一九八九年四月十四日己时）
    - 李仁友
    - 李仁寿
  - 李怀荣（生于一九二五年正月廿二日辰时，终于二〇〇三年）
    - 李仁杰 → 李守明（青瓷）
    - 李仁生
    - 李仁献
    - 李素女
    - 李素香
      - 周华
      - 周兴

五代传承

采访组：李震大师，您好。我们知道您出生于青瓷世家，家学渊厚，是"李生和"第五代传人，也是人类非物质文化遗产龙泉青瓷烧制技艺的代表性传承人，所以我们对您的这次访谈主要是突出两个点，一个就是世家传承，另一个是想通过您来尽可能地展现龙泉70后青瓷手工艺人群体的从业生态。我想，您对青瓷的热爱是熔铸在骨血里的，请您先简单地谈一谈您家族五代的技艺传承和五代人与青瓷之间的不解之缘。

李　震：谢谢你们对我本人及家族的重视，青瓷与我自小相伴，她已经成为我生命中一个重要的部分。做好青瓷，既是家族传承非遗技艺的使命，也是我乐此不疲的一生志业。中国陶瓷界的泰斗陈万里曾经说过："一部中国陶瓷史，半部在浙江；一部浙江陶瓷史，半部在龙泉。"龙泉窑火千年不息，在最辉煌的宋元时期，辛勤的龙泉窑工依靠龙泉溪、松阴溪等河流，通过水路将这大山中的瓷国名珠运到宁波、泉州等港口，随着海上丝绸之路远销多国。元代汪大渊的《岛夷志略》中明确记录的与中国有陶瓷贸易的国家和地区有40余处，提及处州瓷器（处瓷、处器等）共有7次。这是同时期其他瓷窑中所没有的，足可见当时龙泉青瓷外销的繁盛景象。到了明清

李震（夏学君　摄）

虽然衰弱了下来，但薪火仍存，一直延续至今。

宝溪连接着龙泉青瓷的过去、现在与未来，经历了清末、民国，以及新中国成立后龙泉青瓷恢复烧造的关键时段。对近代龙泉青瓷的发展起到承上启下巨大作用的，要首推龙泉宝溪的李、张、龚、陈四大家族，我们李氏家族更是通过几代人的不懈努力和对古瓷烧制技艺的痴迷才在龙泉青瓷界有了自己的地位。我是家族的第五代传人。按照民国八年（1919）修订的族谱来看，我们家族出身陇西李氏，龙泉李氏祖上是由岱沅迁到宝溪的。而论及青瓷技艺的传承，最早可以追溯到我的高祖父李先明，他早年曾在宝溪溪头孙坑碗厂从事瓷土粉碎和漂洗沉淀工作。后来他继承了孙坑窑的衣钵，于1885年创立"李生和号"窑厂，窑厂最初的定名是"三和"，其寓意是希望我曾祖父李君义三兄弟可以和气生财、发家致富。这是我们龙泉青瓷近代史上有记载的、最早的私人窑厂。之后，"丁裕顺号""福春祥号"相继投产，宝溪也成了世界上独一无二的近现代古龙窑集聚地。当年的水碓、瓷土矿场、原料加工作坊、青瓷手工作坊，今天都完整保留下来了，成为龙泉青瓷传统烧制技艺最真实的生态标本。当时是龙泉青瓷最为衰落的时期，只有极少数青瓷艺人还在烧制青瓷，所以有人称我的高祖父是保留青瓷烧制技艺的第一人。此后家族便世代以窑口和技艺相传。家族第二代传承人是我的曾祖父李君义。民国初年（1912），他得到曾经在青瓷厂工作并掌握龙泉青瓷烧制技艺的蒋建寅先生的传授和教导，最终成功烧制出仿古青瓷精品，几乎能以假乱真，行内人称"溪头货"。当时的精品都送往上海出售，或者会有上海、温州等地的古董商到溪头村来购买，之后这些古董商则当成真古董转卖给外国人。

民国二十三年（1934），当时的宝溪乡长陈佐汉邀请我三爷爷李怀德，还有张高岳、张高文、张照坤、许家溪等当地著名瓷工组成仿古青瓷研究小组，使青瓷生产技术和工艺在一定程度上得到了保护和传承。八都、宝溪一带的民间窑厂也初步掌握了仿制龙泉古瓷的技术。出自宝溪青瓷爱好者龚庆芳等人之手的青瓷作品曾在巴拿马、费城世博会和西湖博览会展出。民国三十一年（1942）五月在金华举办的浙江省工商展览会上，龙泉选送的展品中也有仿古青瓷9件。民国三十四年（1945），陈佐汉将宝溪诸家仿制的70余件牡丹瓶、凤耳瓶等弟窑产品委托龙泉县长徐渊若邮寄到南京中央实业部请功，希望仿古青瓷的成果得到各级政府的重视与资金上的支持，其中我们生和瓷业精品良多。1950年，我曾祖父烧制的《云鹤盘》被作为七十寿诞贺礼赠送给苏联领导人，还得到了苏联政府的答谢。

采访组：是的，李君义老先生确实是一位富有探索精神的仿古瓷研究专家，是那个年代少有的大师，在龙泉青瓷烧制技艺传承与发展的过程当中起到了非常重要的作用。您刚才提到蒋建寅先生曾传授您的曾祖父李君义老先生许多精妙的烧制技艺，您能详细讲讲这件事的背景和经过吗？

李　震：好的。其实民国时期仿古青瓷技艺的传承发展为后来哥、弟窑烧造技艺的全面恢复打下了一个坚实的基础，那我就再梳理一遍那段起伏的往事。民国初年前后，龙泉青瓷掀起了一波收藏热，到处有寻掘古墓和收购古青瓷者。据徐渊若《哥窑与弟窑》记载："大约在光绪二十年前后，德教士奔德，购地垦种，发现古瓷，流传国外，始引起各方注意……至光绪三十年，上海古玩商日人天野静之，首来大窑收购，侧重于钢筋炉及小件瓷器。继之有日人松田元哲来购。至宣统二年，福州南台大和药房主人行原始平至大窑。嗣后年必数次，首尾十余年，至则必住月余，随带有参考书籍……行原曾在大窑与村民合作发掘，遇有未成熟之瓷坯，即加以复窑；破碎者加锯修整。"[1]江苏松江胡协记，上海周黄生，江西沈翰屏，福州方振远，宁波周奎龄、葛文慰，永嘉王绍埭等客商，也相继前往龙泉采购古瓷。民国十六年（1927），美国人洪罗道前来收罗各瓷，履勘发掘地址，并将各类瓷器摄影留念；德国亦有领事至大窑拍摄采掘地点；法国有人专集碎片，成箱运往法国；日本也有九井等人相继而来。龙泉不仅成为世界研究龙泉青瓷的圣地，更成为商人发家致富的宝地。在龙泉境内，民国时期被挖掘出土的及民间收藏的龙泉窑瓷器，大多为古董商及中外收购者搜购，不可计数。

　　在这样的情况下，龙泉一些陶瓷艺人开始重新研究并仿制龙泉古瓷。最早是龙泉县城西街的晚清秀才廖献忠，他致力于青瓷研究，首谋仿古，研制仿弟窑青瓷，几可乱真，是民国初龙泉仿制古青瓷的鼻祖。随后，有几家生产兰花碗的窑厂看到青瓷价高利厚，也开始仿造宋代青瓷产品。当时仿古颇负盛名的高溪乡商人张高礼和民间艺工李君方，在古玩商人的鼓励下到大窑古窑址找矿源、寻碎片，而后运回宝溪乡溪头村，进行研究仿制。接着，龙泉本地的蒋建寅、陈佐汉等人也先后在龙泉南乡大窑、金村，龙泉西乡、大坦、溪头等地仿制古青瓷。

---

[1] 据徐渊若原书增改。参见徐渊若：《哥窑与弟窑》，龙吟书屋1945年版，龙泉市政协文史办公室2001年重印。

在这期间，为了研究和发展龙泉青瓷，当地政府和一些大商人都曾进行过努力尝试。民国五年（1916），上海资本家蔡宝龙在龙泉西郊建立了"浙江省改良瓷业传习工场"，修建有一座德国倒焰八角窑，但是因为经营不善，于民国十年（1921）冬倒闭。该传习工场对于龙泉青瓷烧制技术的传承也起到了一定的作用。

因为陈佐汉是乡长嘛，属于乡绅一类，在那时候威望比较高，加上他对仿古青瓷一事的着迷，先后发起与组织八都区瓷业改进研究会、仿古青瓷研究小组和溪头瓷业合作社，使民间的仿古青瓷技术人才得以聚合，青瓷烧造技艺也得到了一定程度的恢复。我记得龙泉市的馆藏档案里有记载，当时龙泉成立的地方瓷业组织除了瓷业改进研究会还有工匠组织"八都区瓷业职业工会"，瓷业老板组织"龙泉瓷业同业公会"。

瓷业改进研究会是1944年6月成立的，随后陈佐汉代表瓷业改进研究会申请"重建德式窑"，并与县长徐渊若一起请求上级拨款资助，但是同年12月4日浙江省建设厅作出的批示是"地方特产之研究工作，是项组织以直隶县府为宜，所需经费应由县设法筹集"，因当时龙泉县政府根本无力解决，最终不了了之。

可见民国时期，政府和商人虽然都有发展龙泉青瓷的意愿并付出了努力，但是由于种种原因，都不能将龙泉青瓷发扬光大。因此，传承与发展龙泉青瓷烧制技艺的历史重任就落在了以各个家族为代表的龙泉青瓷艺人肩上。

采访组：您能再详细地介绍一下这三个地方瓷业组织以及它们的成立历史、职能等方面的情况吗？

李　震： 好的，我简单地说一说龙泉的这些地方性瓷业组织。民国十八年（1929），南京国民政府颁布《商会法》与《工商同业公会法》，各地先后开始设立同业公会。由于龙泉地处浙西南山区，信息交流不便，民国初、中期的龙泉工商业大多遵从旧制，地方瓷业组织建立较晚。1943年至1944年为委员会时期，1945年至1949年为理事制时期，瓷业组织基本以行业自治为基础，对保证协会组织的规范运营、确立正常的市场生产销售秩序、维护同业工商业者的利益和工人的生计，发挥了重要的中间性的治理机制作用。在促进本土民族特色产品的传承、维护瓷业窑主群体的政治权益以及协助政府实施行业管理、加强社会调控等方面也发挥了多重作用。瓷业改进研究会成立时还处于抗日战争时期，龙泉离前线不远，各方面条件都很艰苦，龙泉瓷业相较于古代早已衰落，瓷业的产出可以说是相当困难。当时成立改进研究会的初衷就是希望可以改进烧制技艺，扩大生产规模，产出更多经济价值，有力去支援前线抗战。1944年6月，县政府发放"人民团体立案证书"，研究会正式成立，会址设在八都，负责人毛仁，会员共有24人，我三爷爷李怀德就是其中之一。同年10月11日又成立了龙泉八都区瓷业改进厂，制定《八都区瓷业改进厂组织简章》，目的是"为改良瓷器、充裕社会经济生活以期增加抗战力量"。瓷业改进研究会自成立之日起就致力于瓷器的改良，稳定和提高了产品质量，并对失传的龙泉窑制瓷技艺进行了深入研究，经多次试验，终获成功，是一个非营利性的瓷业组织。

至于八都区瓷业职业工会，它本身就是由瓷业改进研究会倡议建立的。1945年6月24日，研究会向县政府呈报"窃查本区瓷业工人合计三百余人漫无组织，俱凭瓷商自行雇佣，生活不安，待遇悬殊，工作敷衍，致出品不良，产量不大，故改良瓷器必须先从工人方面着手，组织瓷业工会使工人生活固定，工资提高，俾得安心工作，庶使出品精良，增加产量，为待备之呈请鉴核，准予组织瓷业工会并发组织规程及章则"。10 月 24 日，龙泉八都区瓷业职业工会成立，设于岱垟乡木岱村，制定的《八都区瓷业职业工会章程》总共有 7 章。后于 1946 年扩大改名为"龙泉瓷业职业工会"，同年 3 月 1 日，在龙泉岱垟正式挂牌成立。其办公地点仍在八都一带，设有理事会、监事会，会员有 150 余人，由瓷窑主、瓷商和瓷业工匠组成。工会的主要任务是对会员制造技术进行指导、改善会员生活、维护会员共同利益等。这个工会当时在凝聚瓷业同仁、提高瓷业从业人员素质、平衡和提高劳工待遇方面发挥了较大作用。

民国后期呢，据调查，龙泉经营的瓷厂共有 40 余家，但一直没有组织同业公会。1947 年 6 月，龙泉县瓷业职业工会召开瓷商联席会，商讨组织龙泉瓷业同业公会。当场公推丁樟松、陈佐汉、严振望、毛名传、毛声元、陈世芬、曾陈海 7 人为筹备员，并公推丁樟松为筹备主任，同时成立筹备会。7 月 24 日再次召开筹备会，当场议定于 8 月 10 日召开会员大会，选举理监事，于岱垟成立龙泉县瓷业同业公会。同业公会是窑主、厂家及经销商组成的老板组织，宗旨是加强同业联系，维护同业利益，规范市场行为，共谋同业发展。在规范成本和盈利、参与调整工价，将工商竞争引入良性轨道的同时，客观上也起到了稳定劳工情绪、提高劳工待遇的作用。

我们李氏家族有好几位成员参与了这三个具有代表性的地方瓷

业组织，而且在其中也拥有相当的话语权。

采访组： 感谢您给我们这么详细地介绍了民国时期这段掩埋在历史尘埃中的地方行业历史，也使我们更充分地了解了那一代人在自发地传承、发展龙泉青瓷烧制技艺过程中所面临的复杂严峻的形势和技术难关上的挑战。同时还让我们对这三个比较小众的地方瓷业组织的发展历程有了一个比较清晰的了解。那我们还是请您继续聊一聊蒋建寅老师与您曾祖父李君义老先生在民国初年的那一段青瓷烧制技艺授受的缘分。

李　震： 据 20 世纪 50 年代曾在陈佐汉窑厂里当学徒的金登兴先生回忆，1912 年至 1916 年期间，曾经在青瓷厂工作并掌握龙泉青瓷烧制技艺的蒋建寅师傅将自己所知的烧制仿古青瓷技艺传授给了我曾祖父李君义三兄弟。据老辈人回忆，蒋建寅个子不高，白脸，身材瘦弱，居住龙泉城里。蒋师傅一直在龙泉青瓷圣地大窑、孙坑等地谋生，从事青瓷生产工作多年，但他不是直接生产者，也并非老板，而是老板下属的管账先生之类，属业务管理一行。多年来一直处于老板和青瓷生产第一线的工人之间，熟知青瓷生产工序，足以承担青瓷技艺传承的任务。他对龙泉青瓷十分热爱，曾目睹龙泉青瓷的辉煌，也接受过龙泉青瓷辉煌时期带来的恩赐，当面临龙泉青瓷衰落得"树倒猢狲散"的尴尬局面时，他吃饭无味，彻夜难眠。他清楚地知道要使龙泉青瓷文化世代相传，自己所应负的历史责任。一日，他鬼使神差地从庆元三际姑嫂殿后挖来一袋紫金土，带到宝溪乡溪头村李家试烧青瓷。他前往李家传艺的具体时间不详，大约在民国元年至民国五年间（1912—1916），此时正是龙泉青瓷凋零之际。那时我曾祖父几兄弟年轻力壮，全家人精神焕发，农忙季节下田耕作，农闲时开工做碗烧窑，亦工亦农，对于蒋师傅送上门来的青瓷生产技术求之不得。于是蒋建寅师傅被我曾祖父一家请进家中，跟我曾祖父一家子人同住同吃同劳动。不到一年时间，逼真的仿古青瓷就在我们家的龙窑里诞生。如果说蒋师傅从大窑、孙坑带过来的是青瓷的"种子"，那么，我们李家大院就是培育青瓷"种子"的肥沃"秧田"，是巧合也是天意。曾祖父兄弟几人对青瓷生产技艺十分痴迷，在蒋师傅的指导帮助下，将溪头村附近的献掌、笋户、高际头、户头甚至大窑等数处矿点、各矿点原料及原料性能都搞得一清二楚。原料配方、釉色调配操作自如、得心应手，全盘掌握了青瓷生产技艺。

同时，他们超越了工艺保密范畴，通过亲戚关系自然而然地将青瓷生产技艺传播开来。当时张高文在宝鉴村供庆丰碗厂做工，于是又将月白釉配方传给了供氏，所以溪头村的我们李家以及张家，宝鉴、车盂村的供氏兄弟等许多人都掌握了青瓷生产技术，在多处烧制青瓷。原来大窑的传统青瓷烧制技艺在溪头村得到了全面继承，龙泉青瓷传统烧制技艺得以传播。

因此我曾祖父李君义兄弟三人确实是当年最早仿制出龙泉青瓷并使其星火复燃的传承者，是名副其实的传承龙泉青瓷传统烧制技艺的先行者。后来他们又将这个技艺传给我祖父他们，使龙泉青瓷传统烧制技艺得以代代相传，后继有人。

采访组：我们知道，20世纪50年代是龙泉青瓷由衰落走向复兴的大转折时期。1957年，在南京召开的全国轻工业厅会议上总理发出"要恢复五大历史名窑，首先要恢复龙泉窑和汝窑"的指示。遵照这一指示，国家轻工业部作出了《关于恢复历史名窑的决定》。1959

年，在浙江省委和轻工业厅的领导下，相关科研单位、大专院校和文物考古部门一起组成了"浙江省龙泉青瓷恢复委员会"，联合龙泉制瓷老艺人对龙泉青瓷产区进行了全面系统的考古挖掘、科学测试和恢复试制等工作，使断烧多年的上垟龙泉瓷厂成功恢复。而在这个薪火传承的过程当中，您家族中的第三代传承人、一代巨匠李怀德先生发挥了不可替代的重要作用。当时著名学者、陶瓷研究领域奠基人陈万里先生就曾建议，龙泉若要恢复青瓷生产，就要先找到李怀德等老艺人，因为他们知道龙泉古瓷的胎釉配方和烧制工艺。

李　震：当时格外强调要抓紧恢复龙泉窑是有原因的，背后还有一段很有意思的故事。上世纪 50 年代，一些外宾来中国访问，其中有一些人很喜欢中国瓷器，就问当时外交部负责接待的外事人员有没有"雪拉同"。外事人员不懂这个词，就回答说没有。对有些不是很熟悉的外宾说没有倒也没什么，到后来，有苏联专家也说要"雪拉同"，外交部就重视起来了，就问专家"雪拉同"是指什么东西。专家指着茶杯说："就是这类东西。"外事人员说："瓷器嘛，我们有著名的景德镇、唐山的瓷器。"就把最好的景德镇瓷器拿给他们看，结果专家们直摇头，外事人员一时之间也没了主意。

后来他们想出了个办法，到故宫博物院询问陈万里先生。陈先生是当时首屈一指的青瓷研究专家，《中国青瓷史略》就是他执笔的。那时候老先生已经 70 多岁了，外事人员问他，苏联专家要"雪拉同"，各种瓷器给他们看了都不是，那到底会是个什么东西？万里先生就笑起来说："哎呀！你们这些青年，'雪拉同'就是我们龙泉青瓷嘛！""雪拉同"的故事大概是从宋代开始，龙泉青瓷逐渐开始外销，先是东南亚、南亚，后来到了西亚乃至更远的地方。16世纪晚期，有一个阿拉伯商人把从中国订购的一批龙泉青瓷带到了巴黎，他和巴黎市长是好朋友，恰逢市长女儿结婚，婚礼非常隆重，台上演着歌舞剧《牧羊女》。阿拉伯商人精心挑选了一尊龙泉青瓷作为礼物送给新娘。巴黎市长对这个礼物赞不绝口，忙问这个宝贝叫什么名字，结果阿拉伯商人也不知道。恰巧舞台上男主角雪拉同身穿碧青华丽的衣服和牧羊女边歌边舞，巴黎市长灵机一动，他把青瓷高高举起，大声嚷道："雪拉同，中国的雪拉同！"这就是传说中法国人第一次见龙泉青瓷的经过。之后法国人就非常喜欢龙泉青瓷，认为这是世界上的珍品。当时这部戏剧在欧洲很流行，人人都很喜欢，男主人公又只穿这件淡青色的外套，就这样叫开了。后来欧洲这些国家都把青瓷叫做"雪拉同"，美国也叫"雪拉同"。

　　这件事后来被领导人知道了，当时就决定叫轻工业部赶快恢复龙泉青瓷生产。时任浙江省轻工业厅厅长的翟翕武马上组织了全国的相关专家进行研讨，有南京、上海、北京的，有浙江美院（现中国美院）和中央美院等各高校的，也有很多相关科研单位的代表，还有陶瓷工艺、陶瓷美术、文物考古方面比较知名的专家。会上，由浙江省轻工业厅牵头成立了"浙江省龙泉青瓷恢复委员会"，大概就是这样一个过程。

　　采访组：我们知道当时委员会刚成立起来的时候，轻工业厅和委员会都不知该如何去恢复龙泉青瓷，急得团团转。后来呢，委员会还是再次去找陈万里先生，经他点拨，才知道要恢复龙泉青瓷，李怀德老先生是非常关键的人物。我们知道，后来寻找李怀德老先生的过程是比较曲折的，那个时候还是翟厅长亲自带队去龙泉找的老先生，其间具体的情况您能不能再跟我们讲讲？

李　震：确实是这样，委员会成立以后，因为龙泉窑的烧制技艺已经失传了 300 多年，大家都不知道从哪里入手，翟厅长他们便再去请教陈万里先生。为什么去找陈万里先生呢？因为万里先生不仅仅是中国古陶瓷界公认的泰斗、中国田野考古的先驱，更是因为他是当时最了解龙泉青瓷的专家。在 1928 年至 1941 年担任浙江省卫生署官员期间，他不辞辛劳，先后九次赴龙泉，八次去大窑实地考察龙泉窑，写下了大量的工作日记、旅途随笔。据《龙泉县志》记载，万里先生第一次到龙泉考古调查是在 1928 年 5 月。通过对龙泉窑遗址的考察研究，他写出了《青瓷之调查及研究》《瓷器与浙江》等重要论文和专著。万里先生为翟厅长一行提供了一个线索，他说龙泉有一个李氏家族是做青瓷的，李怀德是其中关键的人物，祖传秘方是传给他的。当年李家祖训非常严格，青瓷釉的秘方传内不传外，传男不传女，以前旧社会就是这样。我三爷爷李怀德是一个全面型的人才，陶瓷原料处理、造型、烧制，青瓷的雕塑、花纹，样样在行。而且龙泉青瓷的关键是外面那一层釉水，釉水就是要靠秘方，外人是不知道的。所以陈先生让翟厅长他们去龙泉找到李家兄弟，特别是我三爷爷李怀德，找到就不会走冤枉路。

翟厅长他们便马上赶往浙江龙泉，随行的还有叶宏明先生。叶先生当时刚从天津大学毕业，被分配到浙江省轻工业厅，专业就是研究瓷釉。他们两个人就开始在龙泉找我三爷爷。龙泉都是山，到处找都找不到，他们就去问，到一个村先问有没有姓李的，没有的，马上走。问来问去，都快问到福建了，就是找不到我三爷爷。后来真的问到溪头村，问一个老头："你们村有没有姓李的？"回答说："有的。""有没有个叫李怀德的？是不是做青瓷的？"他说："有一个李怀德，是做青瓷的。"翟厅长想立刻见到我三爷爷，但是见不到，老人说他已经被监督劳动了。因为当时我的三爷爷建作坊生产仿古瓷，经营得当盖起了房子，后来就被戴上了地主的帽子。那时候地主要被监督劳动，不能到外面去，也不能接触外面的人，村里就是不肯通融。翟厅长一行便去县里找县委书记，当时的书记姓王，问他："王书记，现在能不能找李怀德？"县委书记说："我不能负责，没这个权力。"翟厅长也没办法，只能返回杭州找省委书记江华。他对江华书记说："李怀德现在是非找他不行，恢复龙泉窑是国务院的决定，要执行这个决定，技术在李怀德手上掌握，是不是给他摘了帽子，把他请出来。在龙泉宝溪还有其他几位也懂青瓷烧制技术的，跟李怀德一样，差不多都划成地主了，是不是都摘了帽子请出来？"江华书记了解情况之后，立即指示当时的龙泉县委摘掉包括我三爷爷在内的六位老艺人的"地主"帽子。当时不像现在，都没有公路，一来一回非常不容易。回到龙泉后，翟厅长跟县委书记说："省委书记讲了给他摘帽子，你要不相信直接给江华打电话。"县委书记说："你们都这样讲了，我们相信，给他们摘帽子。"然后给村干部打了电话，把我三爷爷地主的帽子摘掉。这样，才把他请出来了。

采访组：请李老先生出山之后，当时龙泉和省里是准备怎么安排工作呢？

李　震：当时上垟的龙泉瓷厂已经成立了，县里就把我三爷爷连同好几位老艺人都安排到那里。一方面是祖训的原因，另一方面也有政治原因，当时我三爷爷心理负担很大，所以刚开始厂里问他秘方的时候他不愿意讲，只同意说他可以做，然后调制了一些釉水让工人拿去上釉。先把胎子烧好，然后把釉刷上去烧，这样烧了几件成品，烧出来的效果很好。但是这肯定无法满足瓷厂量产的需求。翟厅长想到了上海的周仁教授。周仁教授是中国钢铁冶金学、陶瓷学的开创者和奠基人之一，早在1928年就在上海协助创建了中央研究院工程研究所。他对龙泉青瓷的恢复贡献也不小，请他来，他也比较有兴趣。当时他已经70多岁了，也到了龙泉去见我三爷爷。我三爷爷说，他会配合着做，但有祖训在，配方不好直接拿出来。然后周仁老爷子想了一个折中的办法，说我们拿一件南宋标准的龙泉窑瓷器，检测它釉面的各种成分，拿到这个成分之后再进行配方，配出来看效果，如果能够做出差不多的，再与他的配方拿来比对，看看有没有差别，这样子他也就不用这么为难了。然后周老爷子就带着叶宏明先生到上海研究院去了。20世纪50年代，这些尖端的检测仪器只有上海有。周老先生跟万里先生是多年的老朋友，都是大学者。他给万里先生写了一封信，说国家现在决定恢复龙泉窑，他们需要一件标准的出土南宋龙泉青瓷器去研究它釉面的成分。万里先生思忖良久，最后同意了，挑了一件南宋瓷器交给叶宏明先生带回上海。回到上海，周老就叫叶宏明先生拿工具把釉子刮下来做化学分析，分析各种成分的含量有多少，这样就把青釉的化学成分分析出来了。他们按着这个分析结果研究出一个配方，由叶宏明先生带着回到龙泉来。根据这个配方把原料配好，挂上釉子就烧。一个窑要烧成，大概要一天一夜，甚至还多，叶先生就等在窑门口，同时也是为了观察窑里的火焰。因为龙泉瓷土是紫金土，里面含铁量很高，铁转化成氧化铁，经过一定温度就会反应出色。烧制时就要从窗口看着，什么时候温度多少，要掌握这个火候。等烧好了开窑，拿出来一看并不理想，叶先生又拿着成品到上海继续找周老先生共同研究，调整配方后再拿到龙泉去烧，烧了后再拿成品到上海，这样反复地经过大半年，到最后烧出来

李怀德（李震　提供）

的便比较理想了，跟南宋瓷器很像了。拿回上海，周老一看，也说："行了。"当时《人民画报》把这件事登出来了。翟厅长和周老又带着成品到上垟瓷厂，问我三爷爷："这样子的釉色是不是可以了，还有什么改进意见，能不能拿出配方两相比对一下？"我三爷爷说："我原来不拿出配方也是没有办法，我们李家祖上有祖训，我不能违背，不能外传，祖祖辈辈是靠这个吃饭的。"翟厅长对我三爷爷说："你这个心情我完全理解，你用不着难过，封建社会就是这样。现在共产党领导，你放心好了，你的工作，连你子女的工作我们都包下来了。"这样我三爷爷才终于放下了包袱，把方子拿了出来，和叶宏明先生他们研究出来的一比，基本上一样。后来我三爷爷也就安心在瓷厂当技师，随后又进了仿古小组和研究所。

到现在他们国外还烧不出青瓷，主要是原料问题。只有龙泉紫

金土含有三个稀有元素——锂、镓、铯，稀有元素的含量多了不行，少了也不行，需要恰到好处。别人当然也可以配，但人工配成本很高。后来唐山烧出来了，就是用人工配的，成本太高了；景德镇烧了很多，也没成。青瓷还是龙泉的。

采访组：是的，烧不出来。看来当时省轻工业厅翟厅长一行找寻李怀德老先生确实是经历了很多的波折，您讲述的这个过程使我们对这段不为人知的历史有了深入了解，可以请您继续介绍一下您的三爷爷，李氏家族第三代传人的核心和传奇——李怀德老先生的生平吗？

李　震：谢谢你们的赞誉，那我就聊一聊我的三爷爷。我三爷爷8岁时进入溪头村率真学校读书，14岁毕业，15岁到龙泉耶稣堂学校读书，不久后又在车盂和溪头丁家各读了半年私塾。读书的时候，我三爷爷已经开始对龙泉青瓷的制作表现出了越来越浓厚的兴趣。因此，我三爷爷15岁就进了碗厂，学习做碗、画花、上釉等工种。

那时，我曾祖父已经制作仿古青瓷多年，他就开始跟曾祖父学做仿古青瓷，但数目不多，效率不高，都是手拉坯成型。他16岁的时候，我曾祖父又与八都的吴兰亭先生合伙，做了一批以人物和动物为题材的青瓷。我三爷爷就是在这样的环境下，从小耳濡目染地学习龙泉青瓷传统烧制技艺，自然也练就了扎实的青瓷烧制功底。

抗日战争和解放战争时期，当时的龙泉县组织了一个叫"合作训练班"的农民培训机构。我三爷爷李怀德由乡长陈佐汉介绍，被推荐到合作班培训。结业后被委任为龙泉县政府合作辅导员，后又被派往宝溪乡合作社任职。由于工作突出，县政府将他的成绩登上了龙泉县报进行表扬，并在名誉上给予"传令嘉奖"，通报全县，加升我三爷爷为县政府合作干事。不久后他因工作需要被调到八都区合作联合杜任副主任，主管物资分销业务，主要任务是以廉价销售食盐、肥皂、大米这类生活必需品，供应贫困人民，附带转运土碗。当时的方法是把竹排当作交通运输工具，顺瓯江而下运至龙泉。他在联合社时还兼任八都区战时经济建设实训助理员，任务是发展农村经济。在这个岗位上，他做了很多工作，到黄锦乡取过麦种，在宝溪放过信贷借款，办过储蓄信用合作社等，兢兢业业，做了一些实事，得到了当地百姓与县里的认可。

从联合社回到宝溪以后，三爷爷又做了一任甲长，由于工作能力出众，被选举为乡镇人民代表。后来又被任命为宝溪乡经济主任，仅用短短两月时间，征收乡镇公粮两万多斤。再后来就因为一些原因辞职了。抗日战争结束后，我三爷爷李怀德就在自家碗厂里烧碗，同时兼烧仿古瓷，传承着龙泉青瓷的烧制技艺，直至龙泉解放。

在民国时期，我三爷爷参与的仿古青瓷的工作，一是在自己家的碗厂里，二就是在陈佐汉的瓷业研究会。1953 年，"李生和"碗厂通过私资调整，我三爷爷被选为厂经理，负责溪头的工作。1956 年 2 月，陈佐汉受命开始组织曾帮助他烧制仿古青瓷的七位老艺人：李怀德、李怀川、李怀荣、张高文、张照坤、张高岳、龚庆平，重新成立"青瓷生产仿古小组"进行青瓷试验。1957 年上垟成立龙泉国营瓷厂后，瓷厂便把溪头的仿古小组迁移到上垟，成立由六位技师组成的"青瓷试验小组"，由我三爷爷负责。试验的重点是弟窑粉青、梅子青和哥窑青瓷。经过一年多的反复试验，终于制造出仿古哥窑青瓷和弟窑粉青、梅子青等釉色，还从中吸取经验，了解到青瓷的釉色不但取决于釉料配方，还受窑温高低影响，掌握了火候与釉色深浅的紧密关系。哥窑青瓷的要求是"薄胎厚釉、紫口铁足、金丝线"。当时用釉的配方还是秘密的，各搞各的配方，釉土原料大多由溪头运来上垟。我三爷爷放下"包袱"之后，他们几个人就公开统一研究配制了新的釉水，生产的品种也越来越多，有些产品质量也很好。后面省轻工业厅和国家轻工业部就下了决心要把青瓷恢复起来，每年投放资金，派专家们来厂指导、设计和创作。派来的专家有李国祯工程师、雕塑家周轻鼎等。还有浙江美院等高校的老师、教授，如中央美术学院的梅建鹰教授，浙江美术学院工艺美术系主任、著名学者邓白教授。特别是梅建鹰教授，他带领着一群学生到龙泉来实习，搞美术造型，有仿古，也有创新，搞了一批石膏模具。周轻鼎则搞了一些雕塑品。邓白教授设计了一套餐具，就是精美的《33件云凤组合餐具》，第一件样品由徐朝兴大师烧制成功，1986年获得第三届全国陶瓷艺术设计创新评比一等奖。后来国务院采用了这套餐具，量产后也给瓷厂带来了很大的效益。之后邓白教授还设计了一套同类型的茶具。后来，不断有中国美院、中央美院的学生参与产品的造型设计。当时出口的品种丰富多彩，出口数量很大，价格也非常可观，瓷厂经济效益很好。一个盘子出口到国外起码1万元，一个小香炉也都是上万的。

经过数年努力，到1959年，龙泉青瓷烧制技艺得到了比较全面的恢复。1963年，仿古小组又成功试制了"象形开片"哥窑青瓷。至此，哥窑、弟窑的青瓷产品都可以生产出来，失传了300多年的龙泉窑和失传了700多年的哥窑青瓷重登艺坛，再放异彩。

最值得一提的是，在负责仿古小组工作期间，我三爷爷带了两位学徒，培养出了当今龙泉青瓷行业的领头羊、国家首批非物质文化遗产龙泉青瓷烧制技艺代表性传承人、中国工艺美术大师徐朝兴先生。

　　后面我三爷爷被戴上"反革命"的帽子，十一届三中全会以后落实政策，在深入调查后得以平反昭雪，1978 年摘掉帽子并被研究所重新聘请为龙泉青瓷研究顾问，1979 年被评为县先进生产工作者。因为我三爷爷几十年来对龙泉青瓷的试制生产，特别是青瓷的造型、设计等方面的贡献，1979 年 8 月，他光荣地参加了国家轻工业部召开的全国工艺美术创作设计人员代表会议，受到了党和国家领导人的亲切接见，并合影留念。他自己也创作了一批名优作品，荣获轻工业部优质产品奖，如《哥窑大穿耳方口瓶》《龙船》等等。以传统工艺雕空和浅浮雕技艺制作的大型《青瓷熊猫玲珑灯》还被外交部选为国礼。记得是 1981 年，我三爷爷前往北京出席了第二届艺代会，也受到了国家领导人的接见。《中国名人辞典》编纂委员会还于当年把他的名字作为词条进行收录。之后的 1982 年，他和徐朝兴大师共同设计制作的《52 厘米迎宾大挂盘》，在第二届全国陶瓷艺术设计创新评比中荣获一等奖，被誉为当代"国宝"，并被紫光阁永久收藏。

李怀德获奖证书（李震　提供）

当然，我们家族中为龙泉青瓷恢复生产作出贡献的第三代传人并非只有我三爷爷李怀德一人，还有我的祖父李怀珍、二爷爷李怀宝等其他家族成员。他们在传统龙窑烧制及传统釉料配制等方面也有独到之处，都为龙泉窑恢复生产留下了许多宝贵经验。

龙泉青瓷重要见证人、《龙泉瓷厂厂志》作者、原龙泉瓷厂技术员金登兴先生认为，在恢复龙泉青瓷烧制技艺方面，我三爷爷的功劳是最大的。他曾在《厂志》最后的《编后感》中写道："龙泉青瓷生产艺术在龙泉民间一脉相传。'中断'之说，无非是规模生产之间断、停烧。李怀德是龙泉瓷厂的老艺人。我与他同在一个实验室工作过。恢复龙泉青瓷生产在劳作上全是他的功劳。应该说恢复青瓷生产，难就难在胎、釉的配方上。当领导把任务布置给他时，不无数日，就拿出配方，足见其胸有成竹。一年后哥窑配方又试验成功投产。产品造型设计，画面装饰，李怀德无不熟练自如。事实证明龙泉青瓷生产技术一直在民间流传。"[2]

采访组：您的讲述很精彩，我们大致了解了李怀德这位现代龙泉青瓷复兴史上的传奇人物的大致生平。我们也很想知道在李氏家族中，李怀德老先生的青瓷烧制技艺又在哪些后辈当中得到了传承和发展，李老先生他这一脉后人是否还从事龙泉青瓷的相关工作，您能继续说一说吗？

李　震：你们这里说到青瓷烧制技艺的传承和发展，我插句题外话。在解放以前，龙泉青瓷在烧制上除了受到文化发展的影响而在

[2] 据金登兴原书增改。参见金登兴编著：《龙泉瓷厂厂志》，浙江人民出版社2007年版，第166页。

装饰方面有所变化，以及不同时期制作的精美程度不同之外，所使用的材料以及成型的工艺都是一致的。大多是使用水碓等加工的瓷土和釉料，窑炉是多年不变的龙窑，烧的是山里丰富的木材，成型方式大多是纯手工拉坯，这种生产方式可以说从龙泉青瓷的创烧到发展、鼎盛、衰落，历经 1000 多年时间，没有发生多少改变。

新中国成立后，社会经济稳定发展，在国家的大力支持下，龙泉青瓷传统的烧制技艺得以恢复。在和平与发展的时代背景下，人民安居乐业，生活和艺术的品位及要求也有所提高。同时，随着科技发展，生产力水平不断提高，更多更好的制瓷工具被生产出来，也为创作出更高水平的青瓷产品与作品提供了可能。例如可以用电动拉坯机拉坯，可以用煤气、电力窑炉进行烧制，温度变得可控，材料研制方面也有了更为科学合理的配方。不同的时代，人们的眼界是不同的，因此龙泉青瓷也体现出了很强的时代性。正是在这样的背景下，龙泉青瓷艺人们得以在继承家业的基础上，传承并发展龙泉青瓷传统的烧制技艺，不断创造龙泉青瓷新的辉煌。

回归正题，我三爷爷只有一个女儿，从木岱村招了一个上门女婿叫吴希林，育有两个女儿、一个儿子。我姑妈她在 40 岁左右因生病而双目失明，姑丈结婚后便一直在青瓷研究所烧炼车间工作，直到退休，烧窑很厉害。他们的大女儿李琴香，成年后在青瓷研究所跟随三爷爷学习造型设计，后来下岗，现在在上海经商。二女儿叫吴志嫒，成年后也进厂工作直至下岗，现住龙泉市。儿子就是我的堂兄李志明，他长大以后曾经在上垟龙泉瓷厂工作过一段时间，然后就跟随三爷爷李怀德与我父亲李九林在上垟镇溪口村桥头的私人碗厂学习仿古青瓷。三爷爷李怀德去世后，随我父亲李九林到宝溪开办个人仿古青瓷工作室。在三爷爷等祖辈们的悉心指导下，我堂兄在传统釉料配置上堪称一绝。此外，他还应外商要求，潜心研发，成功烧制出哥窑、弟窑、大开片等数款青瓷洗面盆，迈出了龙泉青瓷进入日用卫浴领域的第一步，开启了生产高档日用瓷的一扇新大门。

我三爷爷的手艺主要由我父亲李九林，还有我堂兄李志明继承，我的父亲又把技艺传给我哥哥李峰和我。我二爷爷李怀宝的孙子李轶星，也是我堂兄，原来写过小说，当过编辑，江湖人称"半仙"，后来也回到龙泉宝溪从事龙泉青瓷的烧制工作，成为家族传人之一。

采访组：李氏家族的技艺传承确实是代代有序，通过您的讲述，我们大概勾勒出了您家族这五代传承的基本脉络。我们知道您的父亲李九林是老一辈从事仿古青瓷烧制的艺人中的佼佼者，也是李氏家族第四代传人当中的核心力量，您能跟我们谈一谈您父亲的生平吗？

李　震：好的。我父亲李九林于1956年跟随爷爷李怀珍、三爷爷李怀德参加工作，后转到上垟龙泉瓷厂工作。1980年，瓷厂安排我父亲从事青瓷产品质量检验和技术指导工作。20世纪80年代起，随着改革开放，有技术的个人纷纷自己开办瓷厂。1981年，我父亲从上垟瓷厂病退，协助私人办厂。第二年协同我三爷爷及另一位堂叔公李怀善在上垟溪口开始制作仿古青瓷。三爷爷去世后，我父亲回到故乡宝溪从事仿古青瓷创作。当时，宝溪仿古青瓷还属于"半开放"的经营模式，不经政府允许，就不能私自开办瓷厂烧制青瓷。各仿古青瓷厂家请我父亲向县长、副县长说明这个情况，得到了县长和工商局的支持，决定举办仿古青瓷展览会，传播龙泉青瓷的技艺与文化。

此次展览会主要为解决宝溪乡溪头仿古青瓷生产问题，得到各界人士的好评。溪头有六家仿古瓷厂代表，我们家族便占了四个席位，分别是我父亲李九林，我的两位堂叔公李怀荣、李怀善，我的一位堂叔李仁友，此外还有张高岳、张绍斌。柯焕然、张宗祥、李秀南、方文才等领导参加了展览会，县领导们看了后，决定为仿古瓷厂办理营业执照。几天后，个协为仿古瓷厂办理了执照，由李荣化送到我家。自此以后，仿古青瓷开始快速发展、生产，经常有客商拿大窑的产品来要求仿制，因为我们的仿古青瓷的釉色配方比较标准，生产的产品可以达到以假乱真的程度，得到了许多收藏客户的青睐，他们纷纷来宝溪订购产品。久而久之，便有客商想要高价索购釉料，被我父亲严词拒绝。我父亲认为，龙泉青瓷的釉料配方是必须要保密的，决不能流失外地。为此，他得到了龙泉保密局的表扬和嘉奖。

采访组：李震大师，听您的讲述，娓娓道来，不知不觉间，缓缓百年时光已经流过，几代人对青瓷的坚守实在值得敬佩。清末第一代传人李先明的筚路蓝缕、苦苦坚守，民国时期第二代传人李君义的勇于探索、复燃星火，新中国初期第三代传人李怀德的无私奉献、恢复名窑，改革开放后第四代传人李九林的敢为人先、坚持不懈。可以这么说，龙泉宝溪李氏家族在各个时期的每一代人都对龙泉青瓷的传承和发展作出了应有的贡献，起到了积极的作用。

我的青瓷缘

采访组：青瓷世家，源远流长，每一代人都有自己的荣光，每一代人都有自己的使命。您已经讲述了前四代家族传承人的光辉事迹，我们知道您作为第五代中的核心传承人也很了不起，在业界被称为"龙泉青瓷三杰"之一，2016年又被文化部认定为"大国工匠"。现在我们想更多地了解一下您与青瓷之间的故事。

李　震：好的，"三杰"这个称号实在是过誉了，我现在所取得的一点成绩与先辈们自然是无法相比的。我就简单地谈一下我自己吧。我生于1973年，能出生在这样一个青瓷世家，是我最大的幸运。我的少年时光是跟随父辈和祖辈在上垟国营瓷厂度过的。玩陶片、看拉坯、看烧窑是那时候的我最开心的事。稍长大一点我就在窑里帮忙了，后来上学了，也是一放学就去窑里帮忙，真的可以说我一出生就注定与青瓷有不解之缘。1989年，我就读于龙泉职业中学第一届青瓷班。1991年我从青瓷班毕业之后，进入龙泉上垟瓷厂工作，工资150块钱一个月，5块钱一天，没法活，吃个宵夜都够呛。我们是三班倒烧窑的，晚上要吃宵夜，那时候十七八岁，正在长身体。炒一个猪肠5块，再喝两碗米酒，米酒5毛钱一碗，就超标了，还有早餐、晚餐、一包烟呢，没法解决。我人又比较阔气，朋友来都是我请客，所以干了半年倒欠了900块钱。我实在是觉得没法拿什么铁饭碗，我问我父亲，我说你一年能挣多少钱，我父亲那天跟我讲，说一年能够赚两三万。真吓了我一跳！我跟他讲，我想跟哥们儿到深圳去，因为深圳当年改革开放有很多人去，我很多发小都去了。我父亲劝我不要去深圳，不好找工作，还要租房子，不如辞职跟他做。我说当学徒就5年没有工资了，父亲说他包吃喝。于是我经过慎重考虑，决定停薪留职，回家跟父亲从事仿古青瓷制作。我做了5年的学徒，都是手工活，技术很扎实，那 5 年学了很多东西。

采访组：李震大师，您能将刚才所讲述的放弃国企的工作，选择回家跟随父亲从事仿古瓷制作的原因说得更详细些吗？

李　震：好的。我当时主要是从三个方面去考虑。一是龙泉窑仿古瓷的家族技艺传承。二是改革开放以后民营企业的活力越来越强。当时龙泉也有越来越多的人开办私人瓷厂，我的父亲上世纪 80 年代就从上垟瓷厂病退了，后来又在宝溪举办仿古青瓷展览会，积极推动建立溪头六家仿古瓷厂，此后仿古青瓷事业得到了快速的发展，这个我前面已经说过了。当时我也确实想帮助父亲做好这件有意义的大事。三是我自己确实想跟在父亲及其他长辈身边学到制瓷的真本事。

到了 1995 年年底，我自己和堂兄李志明从宝溪跑到上垟镇木岱口自行创办了李氏仿古瓷厂。当时就是拼命烧瓷、拉客户，我也没有想到，自己做的瓷器销路居然还挺不错的，一年可以挣 20 万。同行对我的评价也很高，收藏界的一些大家们也比较青睐，所以名气就这么出来了，产品从省内销往广东、福建、江西等地。当时瓷厂还成了龙泉仿古瓷批量生产的最早几家企业之一，并带动了当时国营瓷厂一批下岗职工和技术人员自行办厂创业，使宝溪到上垟镇木岱口再到龙泉形成了一条青瓷工业长廊，产生了较大的社会影响和较高的经济效益。

采访组：我想您在创办仿古瓷厂的过程当中一定经历了很多不为人知的艰辛。您能再详细地聊一聊其间的经历吗？

李　震：当时呢，是这样子的，父辈们都十分悉心地教导，我自己也比较用功，加上从小的耳濡目染和在青瓷班的学习基础，我学艺学得很快。在较短的时间内，差不多是一年，就基本掌握了龙泉青瓷烧制技艺，在拉坯、刻花等基本功方面做得也比较扎实。后来我在继承龙泉青瓷传统技艺的基础上，开始不断提升专业技术水平，努力解决创作设计和制作中遇到的技术难题，逐渐融会贯通，并运用新工艺、新材料，尝试产品革新。

从上青瓷班、进国营瓷厂，到跟随父亲学习仿古瓷，再到自己创业办厂的整个过程，其实就是我自己提高艺术修养，不断学习、吸收、领悟传统龙泉青瓷烧制技艺的过程。也正是此过程中的体验和经历，才使我自己的制瓷技艺逐步走向成熟。在烧制青瓷的同时，我还刻苦学习相关的古代青瓷文化及其他传统艺术文化。随着经历的增长，我也慢慢地对中国文化、历代青瓷有了自己的理解和感悟，所以人家也总说我的青瓷会比较有文化气息。

采访组：您具体是什么时候开始有了这个领悟？这个转变的历程您可以详细地说一说吗？

李　震：2000 年，我只身来到瓷都景德镇，开了一家做龙泉青瓷仿古工艺作品的门店。景德镇是一个世界性的陶瓷交流集散中心，我在那里接触到了香港、台湾地区以及新加坡、菲律宾、日本、韩国等国喜爱龙泉青瓷的客商和朋友。与大中华文化圈热爱中国传统文化、陶瓷文化的各方朋友的交流学习中，我改变了对世界及手艺的认知。之前年少气盛的我，自以为凭着家学与多年的积淀，有一门好手艺就可以闯荡江湖，但对于怎样鉴赏一件古陶瓷之美、怎样评价一件龙泉青瓷仿古工艺作品是否具有宋韵、什么是素雅与简约等审美与艺术鉴赏问题，却是一脸茫然、毫无头绪。在客人滔滔不绝、引经据典的鉴赏与点评之中，我深深地懂得了什么是学识修养与文化素养。景德镇的历练与学习过程使我对自己的发展有了新的目标定位，也使我明白一个手艺人仅有手艺是远远不够的，还得有文化素养与艺术鉴赏水平，深刻理解了老一辈手艺人所说的"三分凭手艺，七分靠积淀"。自此，我就开始有意识地钻研龙泉青瓷的历史文化，系统阅读传统文化艺术相关书籍，以此来提升自己对龙泉青瓷历史文化的认知和艺术品鉴赏方面的文化修养。

我在研修路上得到了许多老师和朋友的帮助与指点，其中有两个人可以说是改变了我的人生路径。一个是来自祖国宝岛台湾家学渊源深厚的老中医林敦睦先生，林先生热爱收藏龙泉青瓷，对中国传统文化与古陶瓷有很深的研究。林先生告诉我，家族几代人坚守下来的精神财富是没有任何物质财富可以替代的。他认为我从某种意义来讲可以算是青瓷体系当中的一个没落贵族，不应该沉迷于作坊的蝇头小利，更不要只沉迷于古瓷的仿制。祖辈有辉煌业绩，就应该去继承家族的精神遗产，肩负起传承人的责任，把这古老的技艺传承发扬下去。

通过与林先生的接触，我明白了三个道理：一、如果一个龙泉青瓷手艺人离开了积淀千年的文化传统，就失去了艺术存在的生命与价值；二、一个青瓷世家的传人应该有一份传承家族手艺、弘扬家族文脉的责任与使命担当；三、要想做好青瓷，必须致敬经典，虚心向古人学习。受林先生的影响，我开始有意识地关注宝溪青瓷发展的历史资料，并系统收集李氏家族与青瓷相关的文物，后来丽水学院张建平、李岩两位教授将我手头积累的资料整理出版，编著成了一本介绍与研究李氏家族青瓷制作发展史的专著——《李怀德与龙泉青瓷"非遗"传承》。

很多人都说我家里有龙泉青瓷秘方,确实以前是有几个,不过现在没用了,只能作为一种基础参考,完全按照那个秘方来是没用的。因为窑炉发生了巨大变化,生产工具也发生了巨大变化,有一点点相差,结果就会产生巨大的变数。

第二位是现在与我合作的龙泉青瓷文化研究学者雷国强老师。雷老师是一位博学多才、学养深厚、治学严谨的青瓷文化研究专家与收藏家。我随雷老师研究龙泉青瓷历史文化已有近十年的时间,我们一起在国内知名的艺术品收藏与鉴赏杂志《东方收藏》开设"文化瓷苑"专栏,讲述龙泉青瓷的前世今生。我们还先后合作出版了两部龙泉青瓷研究专著。第一部是 2016 年由中国书店出版发行的《琢瓷作鼎:古代龙泉青瓷香炉制作工艺研究与鉴赏》;第二部是 2020 年由浙江教育出版社出版的《巧剜明月:浙江古代青瓷茶具鉴赏与研究》。

自此,我放下了仿古生意,怀着敬畏之心,从头开始,走上了个人创作之路。然而,从临摹仿制到自己创作是一个艰难的过程,对于瓷器来说,创新更加不是一件容易的事情。中国瓷器技艺早在宋代,尤其是南宋,就已经达到了巅峰,后人无论怎样努力,始终无法超越。我通过实践不断总结与领悟,认识到创新离不开传统,我们要敬畏古人、学习古人。好的青瓷作品,需要的不只是技艺。一件作品蕴含的文化,才是支撑它代代流传,百年后依然使人惊艳的基础。有了传统的东西作为基础,再融入自己的理念,这样做出来的作品,才是有新意的青瓷。

后来呢,我也陆续参加了一些作品评比设计的比赛,获得了一些比较有含金量的奖项。评上了高级工艺美术师，成为龙泉青瓷烧制技艺代表性传承人。在 2016 中国艺术品产业博览会上，我被授予"大国工匠"称号，这份荣誉使我有了沉甸甸的责任感，更使我时刻警醒自己，要对青瓷技艺精益求精、持续创新。同年我还受邀参加了在韩国首尔举行的中韩非物质文化遗产保护与传承高峰论坛，在会上我制作的《哥窑宝瓶葵口花插》获得了这次活动的最高奖项"逸品神工奖"，作品《弟窑象罐》被评为中韩非物质文化遗产保护"匠心传承奖"。最值得一提的还有 2016 年 9 月举行的 G20 杭州峰会，我精心烧制的青瓷作品《春满江南荷叶洗》被大会组委会艺术品监审工作小组选中，陈列展示在杭州萧山国际机场元首厅，这也是我感到最光荣的一件事。

工匠精神

采访组：近年来人们时时讨论"工匠"这个热门话题，这个时代最需要的就是"工匠精神"，各行各业也都在呼吁"工匠精神"。刚才您也说到了您曾被授予"大国工匠"荣誉称号，我们希望您能结合您自己锤炼和探索青瓷技艺的过程来谈谈您对"工匠精神"的理解。

李　震：您客气了，对于"大国工匠"这个称号，我非常感谢每一位老师对我的帮助、鼓励和认可。我一定会继续努力，力求做得更好。然而我本人是不是一名真正的"大国工匠"，还需要历史的检验，留待后人来评判。前面我也谈到了从青瓷班到国营瓷厂，到跟随父亲学习仿古瓷，再到自己创业的整个过程，这也就是我提高艺术修养，不断学习、吸收、领悟传统龙泉青瓷技艺的过程。这20多年的青瓷行业从业实践，其实也是我自身对匠人身份的认定和深化，是在以我自己的方式追求精益求精、臻于至善的"工匠精神"。我其实非常喜欢"匠人"这个称呼，所谓匠人便是要手艺非常精准，能够把自己的东西做得非常棒，然后还要将之提升为一种精神气韵。我们工匠要打造属于我们自己的民族品牌，这就是我们的"工匠精神"。正是无数工匠怀揣这样一种追求，有着这么一股子精气神，才有了今天中国制造业的蓬勃发展。这不仅是龙泉青瓷人所需要的，也是整个国家所需要的，更会是我一直坚守的。

采访组：您能更深入地一谈一谈您心中的"工匠精神"吗？

李　震："工匠精神"给我印象最深刻的是德国人。我们到麦森（一个拥有300多年历史的德国瓷器品牌）总部，跟德国陶艺家们交流，他们就展现了什么叫做"工匠精神"，值得我们学习。一个老太太80多岁了，现在应该90多岁，是一个陶艺家，是我们的向导安娜老师的老师。老太太自己搞了一个博物馆，安娜老师要带我们去看，带着我们到了一个小山沟沟里头。那个博物馆是由一个地下酒窖改造的，不能开车，要骑自行车才能到，对外沟通只有通过一台很古老的传真机，我们去的时候她还在做陶艺。我问安娜老师，这么大年纪了还在挣钱吗。她说："对，她还在做，还在挣钱。"但一件陶艺作品售价不高，最贵的两千，基本上都是七八百。她用卖陶器的钱成立了一个基金会，赞助德国的穷学生。因为学陶艺花的钱很多，跟学美术一样，学陶艺要到全世界各地如中国、日本等国去学习，开销很大。所以她就想用这些钱成立一个基金会，赞助家里头经济条件不太好的学生去学陶艺，也能帮助他们爱上陶艺。因为搞艺术、搞文化的话，没钱是真的过不下去。所以当时 80 多岁的老太太还在整天做陶艺，她挣的钱不是为自己，是为整个行业，这位德国陶艺家身上的才是真正的"工匠精神"，所以德国制造才能在世界上有口皆碑，这是值得我们学习的。像老太太这样的事迹在欧洲国家有很多，这一点我们国内是不足的。不是说完全提倡奉献精神，但有些人一年都赚几百万、上千万，还跟政府要这个补贴要那个补贴，这个奖那个奖也一定要拿，留点给穷人家的孩子不好吗？我觉得"工匠精神"不能停留在表面上、手艺上，更需要去理解精神上的概念。

"工匠精神"还有一个层面，即技艺背后还是文化底蕴。这门技艺为什么能传承千年？其实它更多是一个文化的圈子，并不是一个青瓷的圈子。日本人敬佩宋代的瓷器，把它们尊奉为国宝，因为它们背后是诸多的文化。像"蚂蟥绊"青瓷碗，就是通过中国古老的锔瓷工艺修复而成，修复后它成了日本国宝。"蚂蟥绊"青瓷碗直到前年（编者按，指 2019 年）"天下龙泉"特展才回国展出一次。本来这件东西在日本是不能出去展览的，但因为它本身生在中国，虽然被视为日本国宝，但中国要搞这个"天下龙泉"特展，把全世界的好多瓷器都请回家了，那就让它回一趟它的祖国吧。青瓷传承的是一种文化和精神，日本他们折服于唐宋文化，所以日本古董店里有些宋代的瓷器中国人去买他们不卖。这不是看不起我们，他们说咱们中国人买回去要么放在保险柜里等增值，要么马上就卖掉谋利，他们觉得你不配来保护这个，就是奔着赚钱去的。这一点要引起我们的重视。

我带徒弟也是一样，技艺大家都各有其招，最最厉害的还是背后的文化。你一定要了解中国陶瓷史、中国工艺美术史、世界工艺

《福禄寿喜》(夏学君 摄)

美术史，这是基础。在这之后你还要再去了解一些瓷器背后有关的文化，这也是一个大学问。我们做手艺也是一样的。要懂得这些器型、纹饰背后的文化，懂得了这些东西，你做出来的器物才可能有灵魂、有价值，才可以留到后世。现在很多人搞收藏，就是想作品增值，我想真正会增值的，是个人魅力和精神的延续。人死了，精神还在。所以我们做手艺的人一定要想自己表达的是什么概念，要想50年之后、200年之后，这个概念还能不能被接受。如果这个概念都搞不清楚，那你做的东西肯定是留不下来的。我们龙泉的张绍斌大师，他的精神是真正的当代"工匠精神"。他是真正把所有的心思都用在自己的手艺上的，他从来不去评这个评那个，也不会要求办展览去跟这个比跟那个比。

我们家对青瓷的执著是五代传承下来的，的确有一种文化情怀在里面。如果没有文化情怀，我不可能去买这么多古瓷片。我们大可以拿着钱去享受生活。

何谓青瓷

采访组：您曾经说过："龙泉青瓷要超越古人，即使用上现代工具，也是不可能的。对瓷器技艺的把握和情怀的表达，只有像古人一样从小熟读四书五经，代代相传青瓷技艺，源远流长才能让最好的技术和最好的文化相结合。"我们知道您非常崇尚宋代的青瓷文化，想请您从龙泉青瓷的角度去观照宋代的青瓷文化，聊一聊您的理解。

李　震：有位大学者叫陈寅恪，他认为中华文化巅峰就是宋代。宋代儒、释、道三教融合对青瓷文化产生了不可估量的影响，比如儒家士大夫的高雅趣味对青瓷器形用途的影响，道家对青瓷颜色的影响，佛家对青瓷装饰题材的影响。

龙泉青瓷在宋代创造出了一个艺术上的高峰，就是一个普通百姓家里吃饭的碗，也有其设计理念和文化背景。可能是鱼的图案，也可能是一朵花的图案，都在表达设计者的意图，真正达到了实用性与艺术性的统一。龙泉青瓷的艺术性不仅仅在于造型制作上的独具匠心，更是体现为釉色润、色调纯和品质雅三个特点。这些特点在产品质量上都可以得到展现。薄胎厚釉的宋代龙泉青瓷在产品质量上有了很大的突破，釉色发色也越来越厚重。通过反复上釉、多次素烧，釉层表面黏度加强、厚而不流，釉面呈现出柔和的光泽，浑厚华溢、厚如凝脂、青比美玉，这淡淡的湖光之绿就是龙泉青瓷的釉色。

我个人的理解是，真正的美不需要很复杂，美要回归到本质上来，要看内在。龙泉青瓷沿袭的就是这样一种美，这种美就是文化积淀。

采访组：为什么龙泉青瓷在两宋时期进入一个井喷的阶段，一跃成为天下名窑，远销五湖四海？您能讲一讲您是怎么理解瓷器当中所谓的青色的吗？

李　震：龙泉青瓷在两宋得到快速发展，这个问题放到大的历史背景下看有两个基础条件。一是两宋时期,南方逐渐成为经济中心，尤其是江浙一带。进入南宋之后，这一特点更加明显，加上南宋对海上贸易的支持力度也是空前的，巨大的市场需求自然会刺激青瓷产业的发展。二是杭州、绍兴等地区越窑窑系的诸多窑口纷纷停产，使得大批的青瓷产业工人来到了龙泉，这也极大地刺激了龙泉青瓷的发展。

什么是青色？《说文》里讲"青，东方色也。木生火，从生、丹。丹青之信言必然。凡青之属皆从青。"别小看这抹淡淡青绿，很多文化寓意都在其中。如果我们把一件器物看作一个人体，身体是造型，灵魂则是釉水。青釉很难烧，往往整窑整窑地坏掉，那为什么还要烧青釉，甚至成为世界四大博物馆里展现陶瓷最重要的环节？这值得思考。

什么是青瓷？简单点说就是以青色釉面为主的瓷器。龙泉青瓷兴盛于宋代，宋代君主大多笃信道教文化，而青色则是道教文化中一种重要的颜色，无论是写祷词还是祭文，用纸都是略微青色的。因此青色在宋代等同于我们当代人追求的红色，是很流行的。

龙泉窑生产的青瓷，得益于本地的一种材料——紫金土，使得龙泉青瓷的釉色与其他青瓷窑有所区别，更造就了独特的碧蓝发色。龙泉青瓷的另一个独特之处是在造型上符合宋人向往的极简主义。为了尽可能地贴近、传承龙泉青瓷背后所承载的文化，我自己做青瓷是把极简主义的审美当作最重要的参考，用的也是青瓷最极致的碧蓝发色标准。

具体来说，青瓷艺术的特点与宋代的政治、经济，还有百姓的审美主流以及文化境界有着密不可分的关系。

随着宋代科举制的不断完善，人们维系社会地位主要依靠文化知识。在当时重文轻武的政治环境下，士大夫阶层的处境相当优越，他们将更多的追求放在精神层面上，悠闲田园和雅致山居成为他们内心的栖居之所。

从瓷器本身看，青瓷器形的清秀、简洁、合理化在宋代均达到了登峰造极的程度。这种器形特点反映着宋代士大夫的审美情趣，引领着当时的潮流风向。宋代青瓷的发展正是士大夫们对生活品质追求的表现。

先秦典籍《考工记》记载："画缋之事，杂五色。东方谓之青，南方谓之赤，西方谓之白，北方谓之黑，天谓之玄，地谓之黄。"当中就把青、赤、白、黑四色与东、南、西、北四方相联系，青色被认为是东方色。在古代宗教中，东方为上，连我们熟知的中国古代四圣兽，也是把青龙摆在东方。青瓷中所表现出的儒雅之风、神秘之道，我认为也是源于青色。青同时是宋代以来儒学思想塑造出来的、被文人士大夫们一致推崇的"中庸之色"。进一步来说，正是因为青瓷的天青釉色达到了宋人所追求的极致，所以在宋代，民间乃至皇宫都喜爱青色瓷器，是有一定道理的。

这种审美情趣和意识的形成来源于道家思想。唐代的皇帝将老子追溯为自己的祖先，宋代真宗提倡道教、神道设教，徽宗笃信道士，道家文化得到了进一步的继承和发展。其道论中的"自然"属性，必然会导致崇尚"自然美"，并把它作为最高的审美境界去追求。

以古为师　制器尚象

采访组：在跟您的谈话中，您似乎很在意"作品"这个词，您可以说一说您怎么定义"作品"这个概念吗？

李　震："作品"是一个什么概念？是要你通过手和自己的灵魂对话，把它捏成前无古人、后无来者的那种造型，得是那种古代没有出现过的，自己构思、自己创作出来的。现在很多人临摹一下青铜器、临摹一下玉器或者临摹一下人家的作品，也叫作品，这都是很不好的。临摹和创作从来都是两回事。我们做的这些仿古瓷器都不能算是作品，作品背后一定是会体现文化概念的。在我的工作室内，放着一本《道德经》，做青瓷就像武侠小说里学少林功夫，想要练就上乘武功需要佛法"点化"，想要创作好的青瓷作品更需要传统文化的支撑，有了文化底蕴的支撑才会有概念的表达，才能达到"造青"（做瓷器）的精髓。

采访组：您通常是以青瓷世家的传承人的身份出现在公众面前，我们想请您谈一谈对传承与创新的理解。

李　震：对于瓷器来说，创新并不是一件容易的事情。中国瓷器早在宋代，技艺就已经达到了巅峰。或许正是因为这个原因，如今的青瓷制作才会出现截然相反的两条路，一条是在仿古的路上一去不回头，始终坚定延续着传统；另一条是不断寻求创新。

我个人认为临摹仿制是传承的必经之路，在技艺慢慢淀积之后，就需要临摹。这就好像书法，写书法不临摹古人，自成一派，就连书法都算不上。做瓷也是一样，要在临摹古人的时候慢慢学习它，要想这个东西怎么用、怎么做、文化背景是什么。不能急于求成，总是想着投机取巧，想着马上要超越古人。殊不知古人也是经过了千年的工艺积淀才打造出那些传世的经典作品，那里面可以说是熔铸了一代代匠人的心血和智慧。都说天道酬勤，凭什么你不花心血就能够超越他们。

从传承的意义上讲，咱们民族各种各样的技艺，都是靠一代代人传承下来的。我是李氏家族第五代传人，从小对青瓷耳濡目染。家传的仿古瓷技艺从清代开始积淀，一脉相传至少百余年了。虽然清代的烧制手艺已经远不如宋代，但他们在仿古、临摹的过程中积累了许多经验，包括釉的配方等等，让我们后人可以少走很多弯路，给我们打下了很好的基础。临摹仿制宋瓷便成了我高祖父、曾祖父那一辈的龙泉青瓷匠人的安身之本了。在传承过程当中，我们会有属于我们自己的坚守，比如我们家族世代制瓷一直只做传统龙泉窑的青釉，只用传统的紫金土，不加一点颜料，这就可以保证釉色的晶莹剔透，如玉般的质感非常突出。

创新不能离开传统，不能失去青瓷本身的特点。所以在创新之前，我们仍要坚持仿古并忠于仿古，学习古人的技艺，了解青瓷的艺术特点和文化内涵。有了传统的东西作为基础，再融入自己的理念，这样做出来的作品，才是有新意的青瓷。我从刚开始学做瓷到现在，已经有20多年时间。20多年其实是一个很漫长的过程，在这个过程中，我自己也得出了一些心得：要敬畏古人，学习古人。值得庆幸的是，我自己以前做了很久的仿古瓷，在仿古的过程中，我可以慢慢学习古人的技术，领会古瓷的经典和精华。

采访组：其实关于传承与创作者自身主动创新之间的关系，您有一句非常精彩的论述"先以古为师，再以物为师，最后以心为师"。您能更详细地阐释一下这句话吗？

李　震：我把作品比作生命，我一直在想，一件作品怎么可以活得更久？怎么沿袭下去？宋代的瓷器是靠文化活下来的，所有古代的器皿都是靠文化活下来的，如果一件作品没有讲述文化，它也活不下来，活着也没人要，没人认可它。我们做瓷也一样，到最后就是这些"心"的概念，你是否有这份心可能就决定着你的名字或者瓷器是否能够流传三百年、五百年、一千年，甚至更久。

现在做青瓷这一行的人也很多了，仅龙泉一带就聚集了近万窑工。然而我觉得整个行业似乎都缺少一点文化气息，这并不是说缺乏当代的教育、缺乏知识的学习或者技艺的学习，而是缺乏对中国传统文化的理解。青瓷的传承说到底还是文化的传承，如果大家都愿意去了解咱们民族的传统文化，愿意去传承传统文化，那么我们对古人，对他们传下来的作品便会生出敬畏之心。临摹仿制其实就是我们与古人相互交流的一个过程，在这个过程当中，我们能够体会到古人的苦心孤诣，体会到古人那精益求精的"工匠精神"。我们能够得到古人的哪怕一两分神韵，就了不起了。如果是自身基础薄弱的情况，那我们就更应该耐下性子，继续临摹。传承与发扬是一个慢工，当先以古人为师，后以物为师，最终以心为师，其实我自己就是这样一路走过来的。

采访组：您被业界同行称为"龙泉三杰"，这也可以看出同行对您的敬重。但您说您更希望被别人称为"守艺人"，一进您的工作室就看见墙上也挂着这三个字，我们想请您谈一谈您为什么对"守艺人"这重身份有着格外敏锐的自我认同呢？

李　震：不仅仅是墙上挂着，我的微信名字也是"守艺人"。其实说起来也简单的，我就是把概念搞大了一点，本来是"手脚"

的"手",我把它写成了"守"。因为我们家族五代人都靠这个技艺吃饭,我要守住这个技艺。包括要开古瓷片的博物馆也是因为这份坚守,我们要守着这份技艺,守着这份文化。以前靠这个技艺吃饭,养活了我们整个家族五代一两百号人,所以我们是没有理由不去敬畏它的。

前面我解释了"守"的意思。整个词"守艺人"有两层含义:其一,明确自己是一个龙泉青瓷的手艺人,要以古为师,研习龙泉青瓷古法烧制工艺与传统;其二,表示自己要向经典致敬,做一个千年龙泉青瓷历史文化的守望者与传承者。

采访组:这个"守"字在很大程度上就体现了传承。

李　震:是的。有很多人是看这个行业好挣钱,他一下跳进来了。如果这个行业倒掉了,他们马上就会走掉。但我们不会走的,哪怕今年挣十万,明年只能挣五千,我们也会依然选择守在这里,绝对不会走。一个行业是这样,一个国家其实也一样,经过几代几十代人的积淀,大家都会有文化认同感,会生出中国心,所以我们中华文化才这么厉害,中国才能成为延续至今的文明古国。历史上这么多异族入侵,结果到最后侵略的民族反而化入了我们中华民族。他们如果不融入这个汉文化圈,不学习中原汉文化,就根本统治不下去。

采访组:我们了解到您还专门为祖辈们仿制古瓷留下来的碎片做了一个标本室,每一件被收藏其中的瓷器、碎片都标注着年代和出处,俨然是一个博物馆。请问这些古瓷标本在您制瓷的过程中会产生哪些帮助呢?

李　震:对我而言,这并不仅仅是一个标本馆,同时也是一座资料库。以古为师是我在青瓷制作上始终不变的理念，这些家族世代收藏的古瓷残片是得天独厚的临摹范本。古瓷残片的剖面可以提供很多信息，比如如何去修坯、上釉、表达造型，这才是最好的老师。通过这些古瓷片，我们能够获取信息，学习古人的制作工艺和文化内涵，逐渐懂得青瓷之美。这是我的祖辈们留下的精神财富，也是我在仿古路上最虔诚的感悟。

打小就听我父亲说要想做好仿古瓷，要想比别人精准，就一定要买标本，它们才是真正的老师。而每一件标本、每一件器皿，都是真金白银买来的，要用心解读，不然买回来不用，它还是一堆烂瓷片。我当时虽然没有全懂，但还是去解读了，每个人总会有自己的感悟。如果不去解读，就难以了解它的工艺、文化内涵，就难以知晓古人为什么做这个器皿。我尊重老师，老师才能回馈我知识。

看过很多古代龙泉青瓷的标本之后，我发现它有很多的文化概念。比如莲瓣纹似乎代表了佛家的文化符号；儒家的"比德于玉"则体现在了如冰似玉、碧如翡翠的釉水中；青色更是道教尊崇的东方生旺之色。所以当代的手艺人一定要明白你为什么要烧青釉。理解了，工作上会轻松一点。与古瓷相伴后，我对古代文化的感悟也越来越深。

古代的龙泉青瓷匠人在他们工作过的古窑址为我们留下了大量的古瓷片，这些古瓷片就是我们的老师。它们用残缺破碎的横截断面告诉我们内部结构与材料配比；它们用无言的类冰似玉的釉色与釉质告诉我们什么是龙泉青瓷的极致之美；它们用残缺的身躯告诉我们什么是简约大气的造型。为此，我投入大量的资金，收藏了 1 万余片各个时代的龙泉窑瓷片与近千件残件标本。为了方便自己和同行对龙泉青瓷传统烧制技艺的观摩研习,我于2020年12月又投入1000多万元资金,打造了一个以陈列与展示这些古代龙泉青瓷标本为主题的博物馆,我把这个博物馆取名为"龙泉市李生和青瓷博物馆"。

采访组:就是您刚才带我们去看的那个馆对吧。看来我们采访的前期工作做得并不充分,我们原来以为只是一间小小的瓷片标本室,没有想到已经是一个这么大的展厅了,确实是一个博物馆了。这里面有这么多的古瓷片,您也谈到这就是学习研究古瓷的一个标本库,所以我们想请您更加细致地谈一下,就是这些古瓷对您现在的学习、制作产生了什么样的帮助?

李 震:那很多了,其实技艺工艺、艺术特点、文化内涵,全部都来自这里面。这是我们的根,全部的来源。比如技艺方面和造型设计方面,我们当代人想到的古人基本都做过了。比如杯盖的唇口,我们现在的唇口是凸出来的,而古人之作是凹进去的,你只要往那一贴与杯沿相接,就合到一块了,这是唐代的设计。这个凹口的概念就是在临摹大自然的花瓣。所以所有的器形它都来自大自然,包括釉水也是。

采访组:咱们整个中华文化都是在向自然学习,这是我们文化的特性。从最初开始就是这样,伏羲画卦、仓颉造字,都是向自然学习。咱们本土的儒、道两家的文化都是向自然去靠齐,天人合一,自然无为,都向自然界延展。

李 震:其实古代有一句话很厉害,《易·系辞上》曰:"以制器者尚其象。""制器尚象"四个字,精辟地昭示了各种制造业至为重要的一条法则——制作一件器皿所有的灵感都源于大自然。通过这个高度再看龙泉青瓷，其实它就是蓝天碧水的呈现。这是大自然中最美的颜色，却也最难临摹，多一分不够淡然，少一分不够瑰丽。我们当代人大多数都没有拎明白，这是世界的高度，宇宙的高度。

采访组： 现在龙泉像这种私人的博物馆多吗？

李　震： 龙泉私人博物馆有两家，另一家是香菇博物馆，青瓷博物馆就我一家。既做瓷器又在搞收藏的，也就我一个。因为我想传递一个概念，你想一个杯子就可以卖一两千，哪里来的底气？离开千年文化，这一个小杯子就是一个好看的小器具罢了，跟现在那些普通的茶杯，有什么区别？所以是千年文化造就了我们，不是我们技术高超才让瓷器有这么高的价值，这一点需要我们保持头脑清醒。其实一件瓷器卖几万、十几万，都是千年文化积淀赐予瓷器的文化价值。如果没有这个千年文化价值，怎么能卖得出那么高的价格？所以一定要对文化有敬畏之心，这极其重要。其实国外有些做陶艺的人在这一点上值得我们学习。他们都会去追根溯源，因为中国是瓷器的起源，所以中国必须要来，景德镇、龙泉他们也都是一定要来的，毕竟人类非物质文化遗产落在龙泉，这很重要。有一次一个日本陶瓷界的交流访问团，他们要到龙泉的大窑，我们陪着去，他们看到那些窑址，直接就跪下去了，很虔诚地跪在那里。我想，他们跪的应当就是这片土地背后的千年文化。

当代一些小年轻稀里糊涂搞不明白，一些人有了头衔以后，没有更好的待遇就不愿意做下去，反而是一些没有头衔却正儿八经地去体味青瓷文化的，做瓷倒可以做两三个小时甚至更久。所以现在很多年轻人，我们要把他们引导起来。我说，假设你每年挣 10 万块钱，你拿两三万去收集这个古瓷片标本，你收集个 20 年，最起码有我这个一半。人家一看，你是在从事文化事业，肯定看得起你。不然就算你开奔驰、开宝马，人家还真不一定看得起你。那些来买瓷器的都不缺钱，这车他们可能还真看不上。如果你身上有文化积淀，那可能你开个破车人家也看得起你。他们如果真的爱好瓷器，会很愿意跟你交流，甚至让子女来跟你学习。但只有你学习过背后的文化，才能有东西去交流，不然没法交流。

采访组：江山代有才人出，一代新人胜旧人。您是现今龙泉青瓷年轻一代从业者中的佼佼者，而且您在继承传统的基础上推陈出新，不仅在研究龙泉窑历代青瓷造型工艺特征及名贵釉料配制烧成方法等方面取得了一定的突破，而且在研究复原宋代官窑青瓷支钉支烧技术上取得了成功。这些技法难度相当高，我们想请您详细地谈一谈您在仿古青瓷技艺创新上的这些突破。

李　震：好的，感谢业界对我的创新的包容和认可。我们家族的制瓷工艺一脉相承，家族传承的烧制技艺当中尤其重视釉色，一律只采用传统龙泉窑的青釉，对于瓷土也是要求严格，只采用龙泉传统的紫金土，不加一点颜料，从而保证了釉色的晶莹剔透，使青瓷完美地拥有美玉一般的质感，我也是严格遵循这一点的。其实我自己是一直认为，现在的技艺可能很难超过龙泉青瓷在南宋时的巅峰。即使借助现代化的工具、技术可以做到很像很像，但那种神韵还是很难超越古人的。所以我的作品更多的是对古代龙泉青瓷的复原，比如双鱼洗和"金丝铁线"的完美呈现。双鱼洗是体现两宋高水平烧制技艺的代表性器具，当然不止双鱼洗，我也会尝试仿制其他"动物游水"系列瓷器，现在这种工艺所制瓷器传世极少，一般人很少有机会能够见到；"金丝铁线"是龙泉哥窑瓷器的典型特征，具体表现为黑胎开片，紫口铁足，釉色多灰黄或灰青，纹线黑黄相间。很多人都说从我的作品中可以深刻地感受到"传统"二字。我自己现在制瓷确实都采用"支钉烧"，这种烧制技法可以最大限度地保留器物釉面的完整性，不过烧造难度大、成品率低，考验手艺。关于釉色和瓷土方面，我前面已经介绍过了，都是采用传统的青釉和紫金土。在器型方面，我苛求精准，传统的普遍的器型都是我的烧制对象，如花觚、凤耳瓶、鱼洗、梅瓶等。

采访组：李震大师，您说得太好了！有人专门总结过您的青瓷特色：其一是功，功主要是一直专注于"支钉烧"技法，日久为功，推陈出新；其二是釉，您一直坚持传统的龙泉青釉和紫金土；其三是型，是说您在仿古领域20多年的研究，塑造了您对您的作品器型的一种定式，所以能从您的作品中深刻地感受"传统"两个字。可以说，正是您在器型方面独具特色的继承和创新，给您的瓷器增添了不一样的魅力，鬲式炉是您擅长烧制的一个题材，您能就您在鬲式炉器型上的传承和创新给我们讲一讲吗？

李　震：好的，鬲式炉系由仿周代青铜鬲样式演变而来，是传统龙泉窑最负盛名的器型之一，尤以宋代烧制的作品最为出名。为什么宋代鬲式炉会盛行呢？我简单地谈一下，因为宋代人非常崇尚的有四件雅事：烧香、点茶、挂画、插花。其中烧香排在第一位，可见宋人对于这件事的重视，烧香指的就是焚香。宋代的胡仔有诗云："小院春寒闭寂寥，杏花枝上雨潇潇。午窗归梦无人唤，银叶龙涎香渐销。"两宋香事总是平静地润泽日常生活，被当作一种生活情趣，而不像后世多是把它作为风雅的点缀。爱屋及乌，宋代的文人圈子自然而然也就重视起香炉外形的美感。宋代香炉可以大致分作两类，封闭式和开敞式。前者有盖，后者则无。我们一般称封闭式的炉为熏炉，开敞式的炉为香炉。开敞式的有鬲式炉、樽式炉等器型，陆放翁《焚香赋》云："时则有二趾之几，两耳之鼎。"另外像博山炉、鸭形炉、莲花炉等则是熏炉。原先香炉多为铜质，南宋时瓷质的仿古香炉就很普遍了。香炉在两宋集大成，传统式样也多在此时完成最后的演变，而新创的形制几乎都成为后世发展变化的样范，所以直到今天我们也仍然在仿制这些经典器型。

鬲式炉的经典样式为直口，斜折沿，直颈，扁圆腹，底周装三足，底与足间有一小孔。肩部饰凸弦纹一圈，腹与足背饰三角形凸棱，造型上通常通体施粉青釉，明澈温润、葱翠如玉，腹部至足突起三条棱线，釉薄处呈白色，也就是所谓的"出筋"。

我在开始烧制鬲式炉时，首先仔仔细细地学习了南宋鬲氏炉的形状。有时候看图片，有时候跑去博物馆连续观摩几个小时，之后再仔细地观摩南宋龙泉窑类似的古瓷片上面的胎壁、釉色、开片等情况。同时我会观察鬲及鼎等青铜器样式，领会金石古意。因为鬲式炉多置于书房，所以还要考虑现代家居的装饰艺术，在传统鬲式炉造型基础上略加创新，最后形成了一点自己的风格特色。我所制的鬲式炉去耳下口，平唇束颈，使炉身层次感增强；炉腹圆润扁鼓，显得古拙雅致，并使炉身更具厚重感；下部三足鼎立，与传统一致，炉足外撇；釉面无纹片，釉色清润如玉。可以说是把传承和创新都真正地在这件器物中显现出来。

采访组：李震大师，您比较青睐"文化青瓷"的概念，我想请您谈一谈您对这一概念的解读。

李　震：好的。我一直觉得一件好的青瓷作品，需要的不只是技艺。为什么世界许多国家会把中国古代的瓷器收为国宝？因为这些瓷器中蕴含着深厚的文化，收藏家们不仅仅只是被作品吸引，同时还是被文化折服。想要做出好的作品，不光需要技艺，还需要文化。我们一些同行之间常会开玩笑说，如果有一天你把自己的作品带去国外展览，展览结束之后有人想要买你的作品，你不卖，人家还特意追着你回到中国，这就说明这是一件真正的佳作。我反复讲，一件作品所蕴含的文化，是支撑它代代流传、百年后依然使人惊艳的基础。不过如今却有不少青瓷作者都抱有这样一种观念：只要我成为大师，作品就能卖出一个好价钱。事实上，现在很多收藏、购买青瓷作品的，都是懂行且具有一定文化素养的人。你学习了多少文化，意味着你能做出多少"文化青瓷"，也就意味着你能接触到多少文化人。

采访组：我们知道您的青瓷作品《三叶草香插》完成了龙泉青瓷搭乘新一代载人飞船遨游太空的首秀，我们能请您讲一讲这背后的故事吗？

李　震：我的个人作品龙泉青瓷《三叶草香插》能与我国新一代载人飞船试验船结缘登上太空，还要从我与雷国强老师合作在《东方收藏》杂志上开设的"文化瓷苑"专栏说起。为了弘扬中国优秀传统文化，由北京大学教授、著名传统文化研究学者楼宇烈等发起组织了北京香文化促进会。为了联络志同道合的合作者，2015年年初，北京香文化促进会秘书长刘增福与监事长王实两位先生，拿着刊登有我们发表的龙泉青瓷香具鉴赏与研究文章的《东方收藏》杂志，专程从北京来到龙泉。他们在龙泉的周大峰先生的引荐之下找到我，并邀请我与雷老师一同于5月份赴北京大学参加成立大会。同时我还接受了促进会的委托，为香祖师神农祭祀大典制作青瓷香具。最终活动取得了圆满的成功，对此，我们都感到十分高兴。

2016年接受的这项任务，对我来说是一项前所未有的巨大挑战。这项任务不仅在制作器具的重量以及质量上有严格、具体的要求，而且在文化内涵与寓意上也有明确的要求：一是器物重量不得超过200克；二是在设计的形式上要有鲜明的中国特色；三是要具有世界通用的文化元素符号；四是要具备方便使用的实用功能；五是要彰显中国传统工艺的精湛制作水平。对我而言，在技术工艺制作上是绝对有信心的，但是要同时满足上述五点要求，尤其是第三点，的确使我为难。什么是世界文化元素？选用什么东西或什么样的纹饰才能表达世界通用的文化元素？怎样的造型设计才能准确表达出这件作品所需要的文化内涵？带着这些问题，我进入作品创作与准备的前期酝酿阶段。

在这件作品的设计初期，我体会到了古人所谓的"书到用时方恨少"的窘境。那段时间我拼命地寻找介绍中外文化的书籍，想从中找到一些有用的材料与灵感，与熟悉的朋友交流也都围绕这一问题展开。根据我以往的创作经验，在思考与设计一款新作品时，要先让自己的大脑归零，放空自己。不久，我绘制了30余款香具设计草图稿，可是我发现这些设计稿都有一个通病，过于经典与传统，根本没有丁点儿现代器物的时代气息，更不用说什么世界通用文化元素的影子。面对失败，我没有放弃，我明白我已经被圈定在过往艺术创作的思维套路之中，我要打破它，跳出这种思维定式。

不是要寻找世界通用的文化符号吗？刚好一个部门组织青瓷工匠赴欧洲考察交流，学习传统工艺，我就报名参加了这次的学习活动，背上行囊随考察交流团出国去往欧洲。我们来到欧洲文艺复兴时期的中心策源地——意大利的佛罗伦萨。佛罗伦萨是 15—16 世纪时欧洲最著名的艺术中心，以美术工艺品和纺织品驰名欧洲。我们参观了佛罗伦萨的地标性建筑佛罗伦萨大教堂。这座建筑外观以粉红、绿和奶油白三色大理石砌成，展现着女性优雅高贵的气质，故又被称为花之圣母大教堂，与罗马帝国的万神殿、文艺复兴时期的圣彼得大教堂，并称古代欧洲的三大穹顶。在参观佛罗伦萨大教堂的过程中，最让我着迷的是大教堂高耸入天的七彩玻璃天窗上那些各色对称、变幻无穷的图案，一下打开了我困顿已久的思路。我的脑子里形成了一个我想要的香具设计基本构形方向——平面与对称。

此外，现代人快节奏的生活，已改变了古代农耕社会时期慢节奏的隔火熏香的品香方式，适宜采用更为便捷的插香。回国后我把采用平面设计制作香插的想法与设计的基本思路向刘增福和王实两位先生做了汇报，他们都很赞同我的意见。方向与设计思路确定后，我开始寻找具体的设计方案——植物的树叶或花朵。平面与对称、实用与方便、世界文化这三个具体的刚性条件要素，最终让我选择以植物的叶片作为基本的造型设计思路。然而植物有千万种，选用哪一种？

在我尝试各种树叶纹样图案时，我又想到了一个锁定世界通用文化符号的筛选办法，那就是找到一种中外都有的植物，并且这种植物在中西方都具有文化象征意义。为了找到这样一张特殊的叶片，我先后尝试了许多方案，但都不尽如人意。某一天我回宝溪，无意间碰到一位熟悉民间制香的老师傅，在跟他聊天的过程中了解到了龙泉民间制作竹签香的传统工艺配方，他们通常会选用晒干的苜蓿草烧成灰来作为柏木香粉以及香木叶粉的黏合剂。苜蓿草，这个名字似曾相识却又不是十分清晰，好像在唐诗中有读到过。我就跟雷国强老师联系，请他帮我查找一下有关苜蓿草的文化背景知识。不久雷老师就发来微信告诉我，苜蓿草是苜蓿属，原产于欧洲与美洲，属豆科多年生牧草，广泛分布在我国东北、华北地区，俗称三叶草。三叶草是多种拥有三出指状复叶的草本植物的通称，其中就包括苜蓿属植物。苜蓿草是中国一种重要的牧草和绿肥作物。而在西方很多国家，三叶草代表着幸运，因为它被认为是只有在伊甸园中才有的植物，三叶草的数目代表真爱、健康和名誉。

看到雷老师的介绍，我激动地跳了起来，找到了！我需要的就是这样体现着中外文化的交集，既有历史文化积淀，又蕴含着真爱、健康、名誉、幸运等吉祥寓意的三叶草。

具体的造型设计对象确定后，就是制作与烧成了。我将这件香插设计成上下两片组合的形态，下为三张大三叶草相叠而成的一个托置小香碟，上由三张小三叶草相叠而成，中留一孔以供插香之用。在釉色选择上，我使用了花费多年精心研制的官窑翠青釉，使香插外观釉色呈现出翠绿发蓝的效果，达到仿佛是用翡翠雕琢而成的翠玉质效果。在制作工艺上，我以南宋龙泉青瓷的出筋装饰工艺勾勒出三叶草的造型，展现出简约素雅的南宋青瓷风韵神致。烧制过程很严格，重多少克都要核算过。给我的数字是 200 克，我烧出来一定要符合这个确定的克数才行，误差要非常小。为了达到这个事先确定的克数，我就一窑一窑地烧，整整烧了 3 个月，才算达到标准，成功烧制出第一窑龙泉青瓷《三叶草香插》。这件作品既具有龙泉青瓷的古典韵味，又具有现代气息。从正面观赏，整器露胎之沿及叶与叶相交之处露出了洁白清爽的筋线，衬托出三叶草叶面厚如凝脂、美如碧玉的翠釉。在烧成工艺上，我为了追求古代宫廷艺术完美极致的标准，采用了难度极高的支钉烧工艺来烧制。所以就总体而言，我对这件成功烧成的龙泉青瓷《三叶草香插》还是十分满意的，它的确是一件既具有实用功能又体现中国龙泉青瓷工艺特色，还兼具中国传统工艺气派和世界通用文化元素的寓意吉祥的文房雅器。

成功烧制出龙泉青瓷《三叶草香插》后，我马上邮寄给北京香文化促进会，不久就传回成功通过有关部门搭乘载人飞船登上太空审核的喜讯。

2020 年 5 月 5 日，龙泉青瓷《三叶草香插》终于成功搭乘我国最新设计建造的中国长征五号新一代载人飞船飞向太空，实现遨游太空、对话宇宙的梦想。这是迄今为止龙泉青瓷第一次登上太空，具有十分重要的历史意义。8 月 9 日上午，"全球首次搭载新一代载人飞船环游太空龙泉青瓷作品捐赠仪式"在龙泉青瓷博物馆举行。北京香文化促进会秘书长刘增福与我一起向龙泉市博物馆捐赠载誉归来的龙泉青瓷《三叶草香插》以及长征五号 B 飞行器模型。

采访组：我们知道您参加了在韩国首尔举行的中韩非物质文化遗产保护与传承高峰论坛。会上您的作品《哥窑宝瓶葵口花插》被评为这次活动中最高奖项"逸品神工奖"，《弟窑象罐》被评为中韩非物质文化遗产保护"匠心传承奖"。您能跟我们仔细讲讲您的韩国之旅吗？

李　震：我的这一趟韩国之旅主要是由我们浙江海洋大学东海发展研究院院长王颖教授牵头，他专门研究中国海洋文化和海上丝绸之路。海上丝绸之路也是陶瓷之路。浙海大原来没有陶瓷专业的人，后来通过一些老师的推荐，我就成了浙海大的客座教授、研究员。那一次他去韩国参加非物质文化遗产保护与传承高峰论坛，就邀请我一起去，主要谈谈龙泉青瓷。会在首尔开，然后到全罗南道西南部的康津郡交流，因为康津郡是韩国"象嵌技法"青瓷的故乡，在现有韩国青瓷窑旧址中，有超过一半是在康津郡发现的。我们叫韩国瓷，其实应该叫高丽瓷，约有1000年的历史，唐代的时候他们这个窑口就跟我们中国有交流。还有一个就是在韩国的新安海域发现的一艘元代沉船，是目前亚洲水域发现的最大的船骸，名字以海域命名就叫做新安沉船，船上出了1万多件龙泉青瓷。据考证，沉船的年代为元至治三年（1323），而这艘沉船的起航点就是浙江的宁波港。之所以确定是宁波港，是因为船上出水了1件珍贵的铜权，权就是古代的秤砣，上面刻有清晰的铭文"庆元路"，宁波港就在元代庆元路的统辖范围内。

采访组：这次韩国之旅对您而言有什么收获吗？

李　震：那收获很大，以前对整个海上丝绸之路的概念很模糊，跟他们在一起学习后就很清晰了。

采访组：刚才您提到了海上丝绸之路，我们国家在提出"一带一路"建设之后，丝绸之路重新火了起来，海上丝绸之路也紧接着被重视了起来。而龙泉青瓷曾经是海上丝绸之路最畅销的物品之一，正好我们也想请您谈一谈，在21世纪龙泉青瓷和海上丝绸之路又会产生怎样的联系呢？

李　震：海上丝绸之路最早是由法国汉学家沙畹提出的，因为原有的丝绸之路上的贸易阻隔，唐宋之际海上丝绸之路逐渐兴盛，宋元时瓷器是主要的出口货物，因此也可以说是陶瓷之路。青瓷曾经代表中国走了出去，然而在这些年慢慢演变的过程中却被人们淡忘了。我们每天都在用瓷，却有很多人不知道瓷是哪个国家发明的。中国有长达数千年的瓷器烧造历史，那些瓷器就像如今的苹果手机一样曾经风靡欧洲国家，但似乎这些都随岁月一起流逝了。因此我觉得现在重提丝绸之路十分必要，能够帮助人们唤醒一些文化记忆，增强文化自信。龙泉青瓷被评为人类非物质文化遗产，说明它依然是中国最重要的代表性瓷器。这也是因为龙泉青瓷背后承载着博大精深、厚重无比的中国文化，它始终不断地绽放着、讲述着。

当然，这还远远不够，传承和发扬之路道阻且长。瓷器是中国国粹，中国发明了瓷器，推动了人类文明的发展，也激励着我们后辈人，瓷器理当成为我们华夏子孙的骄傲。但是当代人在用瓷器的时候都不知道这些，所以我们一定要去讲。这当中既需要政府的支持和推动，也需要一批又一批匠人将作品做好，把作品带出去，把文化传播出去。

现在包括日、韩在内的很多国外学者都在研究龙泉青瓷，都在寻找海上丝绸之路的足迹。日本学者三上次男曾亲临世界各地的海边古遗址，看过、挖掘过许多龙泉青瓷，出版了许多陶瓷研究的专著。在这一方面，我们已经远远落后于他们了。

采访组：我们知道您的作品《春满江南荷叶洗》在 2016 年被选中并在 G20 杭州峰会的西湖厅陈列，而且是很显眼的位置。下面我们还想请您谈一谈这件《春满江南荷叶洗》的创作构想。

李　震：《春满江南荷叶洗》是我根据传统青瓷的艺术特点，融入自己的想法去设计制作的。创新不能离开传统，不能失去青瓷本身的特点，如果没有传统作为基础，那么创新始终是一件很渺茫的事情。这件作品贯彻的就是在传承中创新的创作理念。它用传统的龙泉材料进行烧制，其釉色和样式都凸显出了龙泉青瓷最大的特点——类冰似玉，有大自然之美。其实现代很多创新的根源还是来自传统概念。荷叶本身代表出淤泥而不染，代表和谐，这是举办 G20 峰会的目的，也是峰会的主题之一；鱼，则是全世界人类共同的，代表吉祥的图腾。还要考虑保护大自然的问题，因为我们想做点真正带有当代文化符号的东西。当代最缺什么？最想表达什么？最缺的就是那种正能量的语言符号。用陶瓷材料来表达，就好比那碧绿的湖水，不正是大自然的概念吗？

这个洗跟我祖辈做的《云鹤盘》是比较相像的，也都是一种仿古，仿宋元器，而宋元时的古人其实又是仿唐代的金银器。我之前到泰国去，那个泰国公主看到之后就收藏了一件荷叶洗，像这种洗它本身里面就会有动物图案，这个在宋代也是一种很厉害的工艺。在宋瓷当中，每一个动物都代表一个文化符号，有寓意在里头。鱼的题材比较多，比如双鱼洗，水倒进去之后鱼的图案活灵活现，非常漂亮。它背后的文化寓意，如果要追本溯源，可以说它是一种期盼人类繁衍的标志，也就是所谓的生殖崇拜。我们古人认为鱼和青蛙是大自然里头两种生存能力最强的生物。所以越窑瓷器的装饰图案里头它有很多鱼，也有很多青蛙。到了两宋则是青蛙没有了，鱼特别多。

采访组：是的，原始社会极度缺乏劳动力，所以几乎每个民族都有强烈的生殖崇拜。

李　震：对，因为古代是人多力量大，所以对人多非常向往，多子多福，也就是这么来的。这种图腾的寓意在国外也是一样的。古代闪米特人崇拜的神中，就有一位司掌海洋与农业的人鱼造型神祇——达贡。在古代中东与地中海沿岸文明中，人鱼父神达贡受到许多城邦的崇拜与祭祀，甚至被视为保护神或最高神。我想 G20 峰会的筹备方选择鱼这个符号，大概就是因为它是全世界都认可的图腾，人家一看就明白。其实我们很多时候做瓷器也就是要一个文化概念，就是你要做当代的符号，这个也很难，动物不可以乱贴乱捏的。

采访组：请教了您这么多问题，非常感谢您详细的解答。我们还想知道您现在有没有正在创作，或者想要创作但还在构思的作品，您能提前给我们透露一下这个作品的概念吗？

李　震：感谢你们的采访，这真是一场非常愉快的交流。看得出来，你们采访组准备得也很认真，你们也辛苦了。接下来呢，我要做一组表现北极熊挣扎的系列作品，也是这种洗的造型，要把那种北极熊的痛苦、挣狞表现出来，因为它们马上要死了。这才是突破传统，才叫真正的作品，讲述的是一个概念。要一百年之后，人家回头一看，看得出来你这件作品想表达的是保护环境的这个概念。我想表达的是"昨天""今天""明天"三个时空下北极的状态。"昨天"的北极，表现的是1000年前或者2000年前的北极，那个时候环境很好；到了"今天"，我们用一些跳釉、流釉，来表现环境受到了污染；到了"明天"，那又是另一回事了，我还在思考该怎么去表达。我想拿这个系列作品去评山花奖。山花奖是民间工艺品设计的最高奖项，全国只有20多个名额，含金量很高。之前说了要有创作概念，要有当代语言，这个系列作品也是一样，也是表达一个当代语言，来呼吁大家保护自然。

子女教育　共话传承

采访组：李震大师，因为我们是做传承人的口述史，"传承"是很重要的主题。我想对于您来说，"传承"两个字也是极其重要的，而且应该着重体现在家族技艺的传承上。所以我想问一句题外话，您现在有几个小孩，您有没有打算让他们继承家族传承的青瓷烧制技艺？

李　震：我自己当然是希望孩子以后可以回来继承我们家族五代人接力传承的事业，继续为龙泉青瓷烧制技艺的传承和发展贡献自己的力量。当前五代人制瓷的经验足可以汇成一部大书，成为后人取之不尽的宝藏。现在孩子还太小，我们肯定是会往这方面引导，但最终还是要让他们自己决定。

采访组：现在孩子多大了呀？

李　震：两个小孩，大的读高中，小的才读五年级，生得比较迟。我认为还是要让他们先读书，好的教育我们不能丢，要有点精神、有点文化，才能够指引日后的目标和工作。如果他们能读得下去，我是肯定支持他们先读下去的，出国留学也可以。哪怕不是为了学习，出去见见世面也好。不同的国家有不同的风俗、不同的环境、不同的魅力，总会有一些值得我们学习的地方。

采访组：李大师，那现在两个小孩是在龙泉读书吗？

李　震：是在龙泉读书。我一直认为孩子高中必须要在龙泉读，至少应该在丽水市内读。大学无所谓，可以随孩子的意愿。我们这里乡下很多人很小就被送到省城去读书，其实没有必要。要在自己的家乡读书，这样他的朋友、同学，基本上还是同一个区域的人，这就是所谓的每个人都要有一个精神归宿。比如，你是丽水人，却很小就在上海、杭州等地读书，在那里长大，到最后他就可能找不着精神栖息的点，落不下来。一遇困境，他大概率会陷入迷茫，又或者说是想找一个归宿，却没地方去。他就像无根之萍，亲人又不在上海、不在杭州，房子也不在那里，哪怕有房子也没用，那里终究不是他的精神家园。所以主要是精神教育，他在哪里长大，就会被打上那个地方的精神印记，古代的落叶归根也是这种概念，这种精神归宿对我们民族来说很重要。毕竟我们是五千年农耕文明塑造出来的国度，跟西方的海洋文明是完全不一样的。他们是真的四海为家，哪里可以糊口就到哪里去，咱们是一方水土养一方人。如果根没有扎好就去很远的地方生活读书，他就抵抗不了很多不一样的诱惑。

采访组：李大师，只要孩子学习跟得上，您以后也会让孩子出国留学吗？

李　震：现在还不好说，总之教育是重中之重。我们只是去督促他或者是引领他，如果把去国外学习当成一个提升自己学识、境界的经历，只要孩子自己同意，我也会赞成。学历什么的都还是其次，哪怕去当个旁听生，认真学个三五年再回龙泉来，站的角度、看事情的眼界，跟我们肯定就完全不一样了。

采访组：不同的文化之间肯定会有交流和碰撞。

李　震：龙泉职高毕业跟中国美院毕业之后看中国陶瓷，那个高度肯定是不一样的。

采访组：其实民国很多留学生出去都是去旁听，他们中很多人倒真不在意学位。

李　震：对的，其实知识到最后都是可以触类旁通的。我们当代很多人就想拿一个学位、一张证书，因为这个东西跟利益、前途直接挂钩了，所以大家都想要。现在不是有个词叫"卷"吗？为了有好工作，为了考上好大学，拼命地都要往前进，都要拿第一，谁也不想落后。其实，最后真正厉害的倒不一定是最前面几名，反而是原先排在中上的人。你能一直保持在中上的水平，就很厉害了。排名一直在太前面的话，大家都盯着你，你有一丁点儿退步，压力就很大，这种人到最后很可能就绷不住。而在中上水平的，他能上能下，基本上心理是健康的。所以首先，学业你得跟得上，文凭拿得出来，这是最重要的事情；其次，一个人心理健康了，才能有好的状态，才能把事情做成功。

采访组：对，这太重要了，现在咱们国家的青年学生有心理问题的太多了，培养一个健全的人格是非常重要的事情。

　　谢谢李震大师，我们的访谈任务基本完成了。我们又是多次拜访叨扰，又是线上交流，麻烦了您这么久。通过对您的采访，我们了解到了近现代龙泉青瓷恢复发展的基本进程，解开了很多谜团，也对您这位 70 后龙泉青瓷"守艺人"有了更深层次的了解。我们衷心希望您将来在青瓷领域取得更高的成就，同时更希望李氏家族的百年传承和这千年窑火都能代代不息。

采访组与李震合影

李震年谱

1973 年 4 月，生于浙江省丽水市龙泉青瓷文化传承地宝溪的一个青瓷世家中，为李氏家族第五代传人。

1989 年，进入龙泉职业中学第一届青瓷班就读。

1991 年 9 月，顺利进入上垟瓷厂工作，学习青瓷烧制技艺。

1992 年，停薪留职随父亲李九林从事仿古青瓷制作。

1995 年，李震从宝溪到上垟镇木岱口创办李氏仿古瓷厂，成为制作仿古青瓷产品的第一批手艺人。

2000 年至 2008 年，李震从事仿古青瓷研究的同时，又在景德镇经营起仿古瓷生意，这个阶段的沉淀为他日后的个人创作打下了扎实的基础。

2009 年，李震遇见了台湾的林敦睦先生，由此开启了创作当代艺术瓷的转型之路。林敦睦告诉李震不应只沉迷于古瓷仿制，作为家族传承人，更应该去继承家族的精神遗产，肩负起传承人的责任，把这门古老的技艺发扬传承下去。

2010 年，青瓷作品《宋韵》获第十一届中国工艺美术大师作品暨国际艺术精品博览会"天工艺苑·百花杯"中国工艺美术精品奖金奖。

2011 年 10 月，青瓷作品《春蕾》获第十二届中国工艺美术大师作品暨国际艺术精品博览会"天工艺苑·百花杯"中国工艺美术精品奖铜奖。同年，取得青瓷设计制作专业的高级工艺美术师资格。被评定为第三批丽水市非物质文化遗产龙泉青瓷传统烧制技艺代表性传承人。

2012 年，作品《牡丹绣墩》获第二届中国·浙江工艺美术精品博览会"天工艺苑杯"金奖。作品《雨过天青》在浙江·中国非物质文化遗产博览会浙江青瓷精品展中荣获铜奖。作品《哥与弟》在第二届"大地奖"陶瓷作品评比中荣获金奖，同年 10 月又在中国（杭州）工艺美术精品博览会中获得铜奖。

2013 年，"龙腾瓷跃"系列作品参加法国巴黎卢浮宫中国文化艺术展。

2014 年，取得中国传统工艺大师称号。

2015 年，作品《龙腾瓷跃》在中国陶瓷艺术大展暨第十届全国陶瓷艺术设计创新评比中荣获金奖。同年 6 月，参加在德国柏林举办的"中国·龙泉青瓷艺术展"。

2015 年 8 月，受浙江师范大学文化创意与传播学院邀请，开展专题讲座《关于龙泉青瓷产品设计与欣赏：敬畏、学习、传承、创新》。

2015 年 10 月，受邀在国家图书馆开展青瓷之美——世界非物质文化遗产龙泉青瓷主题文化讲座。

2015 年 11 月，取得民间工艺品制作高级技师资格。

2016 年，赴京参与文化部非物质文化遗产司主办的座谈会。参加江苏省古陶瓷研究会 2016 年年会暨宋代瓷器学术研讨会，并就龙泉窑工艺赏析做专题学术报告。作品《春满江南荷叶洗》被选入 2016 年 G20 杭州峰会陈列展出。

2016 年 5 月，中韩非物质文化遗产保护与传承高峰论坛在韩国首尔成功举办，李震精心复制的《云鹤盘》被组委会选为指定礼品，并被韩国国会永久收藏，李震本人也被授予"中韩文化交流大使"称号。

2016 年 9 月，在文化部和北京市人民政府主办的 2016 中国艺术品产业博览会上,鉴于其在中国艺术界的贡献与影响,李震被授予"大国工匠"称号。

2016 年 10 月,参加第八届浙江·中国非物质文化遗产博览会,荣获优秀展演奖。

2016 年 12 月,受浙江省民间文艺家协会邀请,开展题为"青瓷风韵"的专题讲座。

2017 年,荣获 2016 浙江教育年度影响力人物。参加德国韦斯特沃尔陶瓷博物馆举办的展览。

2017 年 5 月,在土山湾博物馆举办个人青瓷精品展。

2017 年 6 月,被中国长春国际陶艺展组委会聘为长春国际陶瓷艺术馆讲师。

2018 年,在首届中国陶瓷艺术年会暨第七届中国陶瓷艺术高峰论坛上被评为 2017 年度最具收藏热度陶瓷艺术家。参加在日本举办的浙江民间工艺美术展示会。本年 11 月,龙泉市李氏仿古瓷厂被评为丽水市非物质文化遗产展示体验点,由丽水市文化广电新闻出版局正式挂牌。

2019 年,参加在美国波士顿举办的"人类非遗·中华经典"龙泉青瓷展。参加 2019 年中泰陶瓷(青瓷)文化交流暨艺术展。

2020 年 5 月,李震创作的龙泉青瓷《三叶草香插》,跟随着长征五号载人飞船环游太空,代表着龙泉青瓷文化第一次登上太空。

2021 年 5 月,被评选为龙泉市首届"天下龙泉·匠心人才"。

瓷艺匠心承古艺　履职为民显初心

——80后新生代青瓷技艺传承人王武

采访对象　王武

采 访 组　徐徐、陈文正

采访时间　2020年7月20日　2021年7月15日　2022年6月18日

采访地点　龙泉市瓷苑路工作室　龙泉青瓷创意园

大师简介

　　王武，1982年出生于浙江龙泉，毕业于景德镇陶瓷大学，农工党党员，浙江省人大代表。浙江省工艺美术大师，龙泉市非物质文化遗产龙泉青瓷烧制技艺代表性传承人。2014年至2022年连续九届世界互联网大会·乌镇峰会官方指定礼品瓷、2016年G20杭州峰会国礼瓷设计制作者。龙泉市御品瓷坊负责人、浙江省工艺美术行业协会常务理事、浙江省民间文艺家协会会员、浙江省工艺美术"新峰计划"培养人才、丽水市138人才工程第一层次培养人才、丽水市高级人才联合会会员。代表作品有《青璧》《青莲》《印象乌镇》等，创作设计的青瓷作品先后获全国各大展览赛事奖项近80项，获国家外观设计专利十余项。

家族渊源　使命传承

采访组：王大师，您好！作为年轻一代的优秀青瓷艺人代表，龙泉新生代青瓷非遗技艺传承人，您是从什么时候开始从事青瓷创作的呢？

王　武：大师不敢当，还是叫我王武吧。要说什么时候开始从事青瓷创作，这说来话就有点长了。其实，我小时候酷爱武术，12岁开始练武，练了很多年，家里人希望我能通过练习武术把身体基础打好。所以你看，我现在体格还不错，性格也比较外向开朗。

为什么会做青瓷呢，其实主要还是因为家里的原因，为了传承。好像也是命中注定似的。真的要回过头去看，可能还得从我外公那一辈说起。我出生在一个青瓷世家。我的外公叶长水属于新中国成立后的第一批青瓷艺人，他从很小的时候就开始参与私人碗厂的制作经营。1957年，我们国家提出了激动人心的要恢复龙泉窑的指示。同年，龙泉县政府选派了16位技术人员远赴江西景德镇培训学习，我外公叶长水当时22岁，有幸成为其中的一员，和毛正聪、严礼青等人一同前往景德镇。学成回来之后，龙泉国营瓷厂建立，我外公又成了国营

王武

瓷厂的第一批技术青年。那个时候国营瓷厂处于鼎盛时期，办了好多的分厂，外公后来陆续担任总厂、二分厂供销科科长、车间主任等职，有幸成为现代龙泉青瓷恢复生产发展的技术骨干，专门从事青瓷生产管理和检验、设计等工作。

我的母亲叶卫珍、父亲王法良，还有舅舅叶建华深受父辈熏陶，得到父辈指导，也从小与青瓷结下了不解之缘。我母亲 17 岁进入原龙泉国营瓷厂二分厂，跟着我外公一起工作，主要从事灌浆、过釉、烧制等瓷器成型工序方面的工作。我舅舅叶建华、我父亲王法良则在二分厂担任烧窑师傅十多年。那个时候，国营瓷厂都是按计件的方式来结算工资的，还是很辛苦的。我是家里的独子，大约从懂事的时候开始，我的记忆就离不开瓷厂和青瓷。我放学回家的第一站就是瓷厂，每天在那里等候父母下班。星期六、星期天周末的时候，我也都会到瓷厂，围在父母亲身边，边看他们干活边玩泥巴，把泥巴当作玩具。当父母亲为挣取更多的家用而加班时，我也会在一旁帮忙粘一些东西，干一些小活，减轻父母的负担。从这方面来说，我是从小与青瓷为伴。我的很多至亲都是从事青瓷艺术创作、生产的，他们都很精通青瓷釉色技艺，包括配方。可以说，我就是在窑口上长大的一个孩子，从小在这么一种家庭氛围里成长。

1983 年，我父亲和我舅舅两人共同创办了金山瓷厂，当时主要是生产青花碗和茶杯等日用瓷器。刚开始的时候，规模并没有像现在这么大。1997 年，我母亲在瓷厂已经工作了 23 个年头，当时二分厂面临倒闭，父母亲双双下岗。得知这一消息后，曾为青瓷倾注毕生心血的外公很是遗憾，弥留之际，他老人家还惦记着青瓷，担心青瓷文化断代。他把弘扬和传承青瓷文化事业的宏愿寄托到我的身上。外公对我说:"龙泉青瓷在我们这一辈复兴的技艺,一定不能断,一定要在你们这一辈、下一辈传承下去。"从外公离开之后起,我的人生可以说是经历了一些变化。从景德镇高等专科学院陶瓷专业毕业后,我在社会上知晓了一些事情,也了解了一些人情世故,人一下子长大了,也开始懂事了。到二十岁出头的样子,开始慢慢理解外公弘扬和发展瓷业的嘱托。因为龙泉是我的家乡,我对青瓷比较熟悉,也很有感情,所以就启程返乡,跟父母亲提出想继承家里的青瓷事业,以父辈为师。父母亲也都非常支持。之后我不断拜名家为师,就开始正式入行了。从这个人生经历上来讲,我今天做青瓷,比其他人的起步可能要高那么一点,基础也要好那么一点,用同行的讲法,也可以说是个"瓷三代"。

入行之后,机遇也比较好。艺术品市场持续升温,有"国之瑰宝"美誉的龙泉青瓷的收藏越来越火热。2006年,在国务院公布的第一批国家级非物质文化遗产名录中,浙江一共有44个项目入围,位居全国榜首,其中就有我们龙泉的青瓷和宝剑。特别是到了2009年10月,龙泉青瓷传统烧制技艺成功入选人类非物质文化遗产代表作名录,这是中国陶瓷史上一个非常了不起的事情。这使得我们龙泉成了一个著名的非遗特色文化区域,更是让所有的龙泉人,尤其是让我们这些龙泉青瓷从业者和爱好者为之一振。后来,为了保护龙泉青瓷的地理标志,原产地申请的保护也通过了,龙泉青瓷成了中国驰名商标。面对所有这一系列的变化,作为市场主体的企业,更是要坚定把青瓷技艺弘扬四海的信念和决心。经过对市场的重新调查,我们开始对工厂的生产结构进行调整，从原来以碗和茶杯为主的日用瓷生产转向艺术瓷生产，并且将金山瓷厂更名为御品瓷坊。

采访组：王老师，凭借着对青瓷的满腔热爱与刻苦钻研，您如今也在龙泉青瓷界耕耘出了一方属于自己的天地，一路走来，您觉得最艰难的是什么时候呢？

王　武：陈万里先生说："一部中国陶瓷史，半部在浙江；一部浙江陶瓷史，半部在龙泉。"青瓷之于龙泉，是绵延千年割舍不开的缘分，而对于生于龙泉、长于龙泉的我来说，是幼年耳濡目染种下的一颗种子，还是外公临走前一句"青瓷技艺不能扔"的嘱托。外界会评价我基础好、起点也比较高，但实际上，一路走到今天，大家看到的我好像是取得了一点成绩，这个过程却不是一帆风顺的。一方面是最初职业志向的选择。离开学校后，我在社会上经历了一段时间的闯荡、磨炼，有一段时间也很迷茫，不断地思考自己的人生道路究竟该往哪里走。思来想去，觉得家乡独有这么宝贵的资源，父母亲也都给予我无私的支持与帮助，所以最后兜兜转转还是回到了龙泉，并把自己的青春毫无保留地献给了龙泉青瓷。另一方面是初创阶段的艰难。万事开头难，创业的道路是很艰辛的，尤其是刚开始的阶段。那时候年轻，没什么经验，除了事业上的压力，经济上的压力和精神上的负担都会不同程度地影响到我。有件事情我至今还有很深刻的印象。刚开始有一阵子，如果说明天烧窑，那么有可能今天家里烧煤气的钱都没有着落。一开始进入这一行的六个月里，我一共烧了七窑，这七窑的瓷器几乎都不同程度地出现了坯厚薄不均、跳釉、气泡多等问题。毫不夸张地说，当时这七窑就是"全军覆没"。为了解决这些问题，攻克这些难关，那段时间我几乎与世隔绝，茶饭不思，全身心沉浸在如何解决问题的思考当中，但是反反复复一段时间都不顺利，可以说几乎所有的试验都以失败告终。没办法，我狠着心、咬着牙敲烂了一窑又一窑的次品，打起精神，静下心来，重新投入第八窑的创作。而这一次，功夫不负有心人，第八窑终于成功了！这次经历使我充分认识到，龙泉窑之所以能把青瓷烧制质量推向历史的顶峰，除了得天独厚的优质的瓷土资源外，最为关键的就是一代代青瓷艺人不断攻克一个又一个技术上的难关，推动龙泉青瓷烧制技艺的不断提高。青瓷烧制看似简单，但要烧出高质量、经得起历史检验的作品绝非易事。俗话说"水火既济而土合"，说明需要水、火、土的结合，此外还需要高超的技艺和工匠精神，这些要素一样都不能少。青瓷烧制的流程非常复杂，每一个步骤都有自身独特的工艺，而在整体制作过程中又不可分割。因此，只有理论和实践不断结合，不断推陈出新，才能做出高品质的作品。在这个过程当中，我反复探索试验，一家人齐心协力，身边很多的朋友、长辈对我的指导认可也给予了我很大的帮助。特别是面对一些技术上的难关，青瓷界的一些老前辈们毫无保留地给予指点，帮助我成功攻克了像龙泉青瓷烧制多层釉水时易流釉或断裂这样的技术难题，这对于我们这些年轻的龙泉青瓷传承人来讲是非常重要的，也让我非常感动、感激和感恩。我想，这种精神也是龙泉青瓷能够传承千年、香火不灭的一个重要原因。

确实，这一路走得也并不容易，这个过程我把它归结为"龙泉精神"，这是我个人的理解，不一定正确。我认为"龙泉精神"的核心内容就是"不卑不亢，不屈不挠"。特别是人经历得多了以后，心境就会平和许多。不会因为一炉窑烧得好而欢喜不已，也不会因为烧得不好就陷入悲伤。其实到现在，我们也会出现烧窑全军覆没这样的情况，但是现在我的心态或者说心境不一样了，不会特别在意好与不好。好的话，我们就认真总结经验；不好的话，就努力分析、查找原因。比如说有的产品出窑后有气泡，其实也不一定单单是窑没烧好，也可能是原材料有问题或者是施釉的方式出了问题，也可能是其他环节或者部位出的问题。我们经常会分析复盘，其实也就是一种经验的日积月累。

龙泉精神

采访组：您刚才谈到您眼中的"龙泉精神"，您认为主要内涵可以用不卑不亢、不屈不挠、心平气和来表达。那么，您大概是在什么时候得出这方面的体悟或感受的？如果从"基因图谱"或"文化基因"的角度去寻根探源，您认为龙泉青瓷与"龙泉精神"之间有什么样的联系？

王　武：这个题目有点大，我觉得也许可以从两个方面或者两个角度来尝试回答。从我个人作为非物质文化遗产传承人的角度出发，保护的任务是任重而道远。龙泉青瓷传统烧制技艺成为代表中国陶瓷文化的国粹，已经于2009年被列入人类非物质文化遗产代表作名录。传承并且弘扬宋代龙泉青瓷的文化精髓，是我们当代龙泉青瓷传承人义不容辞的历史使命。作为一个龙泉青瓷传承人，我认为不卑不亢、不屈不挠、心平气和这几点还是非常重要的。我呢，可能是因为小时候习武的缘故，比较好玩好动，以前没事的时候都喜欢去人多热闹的地方，可能是那时候年轻，有的时候感觉会有一点点浮躁。但是自从自己办了企业之后，整个人有了一个明显的变化。刚开始的时候，我会经常性地、刻意地让自己安静、冷静下来，保持一种心平气和的状态，认真静下心来去发现、研究一切跟青瓷有关系的物品、消息、人物和事件等等。实在空闲的时候，也不太会想往人堆里面凑了，而是会开始学习听音乐，一个人窝在自己的小工作室里听一些可以静心养心、意境悠远的音乐，让自己可以在音乐的氛围里尽可能放松下来、松弛下来，从而开始进入一种积极的、充分的思考当中。当然，仅仅只有思考显然是不够的，我们是手艺人，手艺人就是要动手的，而且是要手脑并用，要把想法付诸实践的，在实践的过程中往往就会有一些创作灵感产生。另外，作为一名80后的青瓷手艺人，我现在也算不上是最年轻的，一些90后龙泉青瓷艺人或者爱好者们也都非常优秀，在和他们的交流过程中，会发现他们有很多独特的思考和想法，他们的基本功也很扎实。但可能也是因为年龄等方面的原因，会缺少一些人生的经历和阅历，缺少一种视野。我想这就需要我们多走出去。俗话说"磨刀不误砍柴工"，还是要花一点时间出去走走看看，自然山水也好，博物馆也好，过程中还可以有机会认识更多志同道合的朋友，认识更多有趣的人，这些都可以拓宽我们的视野和知识面。当然，有时候也不一定完全就是为了做业务，就是去放空、去感受、去沉浸，帮助我们经常性地保有灵感、保有学习成长的动力、保有积极向上的状态，更加坚定我们青瓷匠人文化上的自信。比如说我有一件作品《问佛》，器形比较大，也很精美。这件作品的创作灵感就来源于一次在龙门石窟的艺术采风活动。龙门石窟是中国石窟艺术的高峰,也是皇家石窟。我在卢舍那大佛前迎风驻足了大概有一个多小时，风很大，内心却非常平静。当时我心里就萌生了要创作一件青瓷作品的念头。虽然这件青瓷作品的名称是《问佛》，但名字背后的实际含义应该是"问心"，这是我作为一个创作者想表达的中心思想。当然，设计的过程也比较曲折，因为创作并不是完全靠凭空想象的。我通过各种渠道搜集了很多的素材，包括去天台山国清寺调研学习，有关人士也给我提出了很多建议，创作的过程中会形成一些方案，这些方案又会根据各方面情况的变化不断地进行调整。像《问佛》中的这个小沙弥，刚开始用的是堆塑的方式，但呈现的效果不尽如人意，后面就改用了雕刻的方式。这个刻里面又分为三个层次，刚开始刻的时候是扭扭歪歪的，后面慢慢地增加了粘贴等一些其他的技术表现方式，这样一来，作品局部的轮廓就会显得比较立体。龙泉青瓷的雕刻技术一般都是浅雕，这件作品是做了一点小突破的，考虑到整个作品是两面

《问佛》

雕刻，一面不上釉，这面做什么内容？是书法还是图案？也是做了很多的尝试和试验，反反复复改了很多稿。要创作完成一个好的作品是需要花费不少时间的，有时候也是一个比拼意志力的过程，需要我们不断地去分析、试错和创新。

从龙泉、龙泉青瓷与"龙泉精神"这个角度来说，目前市政府正在积极开展新时代"龙泉精神"内涵表述语的征集活动。我个人认为，不管最后文字是如何表达呈现的，作为一座千年历史文化名城，这个表述语的内涵里肯定是少不了龙泉青瓷所蕴含的深厚历史文化底蕴及人文精神气韵的，这里面也有一种传承的关系在。"处州十县好龙泉"，古时的龙泉城市繁华，八闽通衢，百业兴旺，文化繁荣，他邑莫及。大家都知道，龙泉青瓷在南宋时期达到了技艺的巅峰，朝廷贡瓷的需求是其中最大的推动力，事实上从北宋开始龙泉窑就逐渐取代越窑，一跃成为江南的第一名窑。南宋龙泉青瓷的辉煌，是多方面技艺革新的结果。应该说，当时的窑工们顺应了时代发展的需要，充分发挥了自己的技艺、才华和创造性，在胎釉配方、造型设计、上釉方法、装饰技艺以及装窑烧成等各方面都有了重大改进和提高，而且原料加工更精细，制作更规整，装饰方法更丰富，器型更多样化，形成了南宋龙泉青瓷文化能登庙堂之高的特殊风格。从小，长辈们都会向我们描述，当时的龙泉"瓷窑林立，烟火相望，江上运瓷船舶来往如织"。南宋时期龙泉青瓷内销运往临安，外销经瓯江出海，远销日本、韩国及东南亚一带，真的是盛况空前。在我看来，那个时期以龙泉青瓷为精神谱系代表的"龙泉精神"可能更多地强调人与自然的和谐关系，"天人合一"是核心的思想，这一思想强调人与自然的统一，力求实现人与自然的和谐发展。这与我们今天所讲的"绿水青山就是金山银山""人与自然是生命共同体"的理念是不谋而合的。像我们龙泉窑的梅子青、粉青青瓷除了能够给大家带来视觉上的审美愉悦外，更重要的是它们融合了大自然的万般青色，看着这些瓷器，呈现在我们眼前的就仿佛是那葱郁的林木、娇绿的草地、青翠的山峦、蔚蓝的天空和苍碧的河海。看着它们，盎然的春意、美好的希望就会从心底升起，所以"天人合一"的思想我觉得在龙泉青瓷中是被表现得淋漓尽致、恰到好处的。

特别的情缘——世界互联网大会

采访组：2021 年的世界互联网大会，龙泉青瓷继续成为官方定制礼品，据说这已经是您创作的龙泉青瓷作品第八次登上国际舞台。作为一名 80 后的青瓷艺术家，您的作品屡次入选世界级会议，多次脱颖而出成为大会主办方的定制国礼之一，您有什么心得或密码吗？

王　武：是的，每一届世界互联网大会的定制礼品名单中都有我和团队的作品。说实在的，真的是意料之外、始料未及，真的是觉得非常幸运，有点受宠若惊，也很感恩，要特别感谢龙泉市委市政府的大力支持！从 2014 年开始，在这八年时间里，我和我的团队与世界互联网大会一起成长，一起进步。我认为参与设计制作并且能够突破重围入选，这不仅是对我个人及团队作品的鼓励，也是对年轻一代青瓷传承人的鼓励，更是对龙泉青瓷的极大肯定！

时光飞逝，从事青瓷这份事业将近有二十个年头了。现在回想起来，跟世界互联网大会之间可以说是一段特别的情缘。2014年第一届世界互联网大会我的入选作品是《鸿运开泰》和《美人醉》，2015年第二届入选作品是《七弦瓶》《太平有象》《青璧·回纹璧》；2016年第三届开始了"乌镇"系列，当时入选的作品是《印象乌镇》；2017年第四届是《幸运乌镇》；2018年第五届是《和合》；2019年第六届是《梦栖乌镇》；2020年第七届是《家园》，当年龙泉总共入选了四款作品；2021年第八届我们准备的是《绿水·青山》，其实某种程度上也是"家园"系列的一种延续。目前正在紧张的申报准备过程中。

2020年入选的作品《家园》，是从整个大的时代背景出发去创作的，应该说，是特意为抗击新冠肺炎疫情所制作。"家园"两个字，其实在经历过新冠疫情之后，我们都会感觉分量特别重。这件作品以圆

《家园》

形花器为基本造型，通体施粉青釉，外圆壁以镂空手法装饰，内圆壁以写意之法雕刻乌镇水乡老屋。作品整体的创意来自"地球家园"的想法，寓意家园祥和安宁。我在作品的内圆壁雕刻了一些江南水乡的马头墙，这是我们中国传统文化的一种延续。然后，外圆壁我以镂空的方式，纯手工地雕刻了一个水波纹，你可以看到外圆这一圈，其实就是世界互联网大会一直以来的主旨——互联互通。我最初的创作

理念就是希望能够有一个让我们自己的内心感受安静的家园。因此，它包含了我心里面对家园的领悟，没有病毒、没有战争，有的只是青山绿水。对每个人来说，"家"的意义在这场战疫后，显得更加重大。通过这件作品，我想把"家"的意识传递到世界各个角落，让各地人民团结小家、成就大家。

应该说，龙泉青瓷的品格得益于浙江龙泉的青山绿水和原真材料，也得益于历代传承而来的巧夺天工的青瓷技艺，以及人文精神的倡导。2021年的这件《绿水·青山》青瓷作品是在《家园》创意上的一种延展。整个造型非常规整端庄，粉青厚釉纯正饱满、素雅温润，显得更加自然通透。这个作品由上下两部分衔接而成，上半部分以绿水青山为主题，笔洗器身雕刻大好河山，展现乌镇的水乡文化，诠释"绿水青山就是金山银山"的理念；下半部分高足雕刻海浪纹，寓意自由奔放、勇立潮头，代表世界互联网大会的自由开放、合作共享。两部分连接起来可以轻轻拨动，还可以绕轴旋转，表达的是世界互联网大会互联互通的意义。

能够连续多年为世界互联网大会创作礼品，我们青瓷艺人，尤其是年轻一代的青瓷传承人收获很大。每次创作大会礼品，从酝酿到烧成往往要经历至少一年的时间，寻找创作"爆发点"、攻克新的技术难点就显得尤为重要。最近几年，无论是"乌镇"系列还是《家园》《绿水·青山》，从始至终我都想呈现、表达一种中国风与国际范的碰撞、传统文化与现代文明之间的连接。在这一系列作品的创作过程中，我到乌镇走过多次，也经常到绿水青山、自然山水间走走看看，以此激发创作灵感。乌镇以河成街、街桥相连、依河筑屋、水镇一体，这个江南水乡非常美。根据我亲身感受到的江南水乡风韵，我在创作的过程中把一直魂牵梦萦的乌镇水街的场景雕刻在作品之上，在浅盘表面厚施粉青釉，宛若湖水。湖面上融小桥、轻舟、游鱼等乌镇经典元素，让江南的青瓷器散发出浓浓的水乡韵味，构筑出优美宁静的江南水乡风情，这是一种特别奇妙的感受，很多嘉宾看后都说印象非常深刻。《绿水·青山》这件作品我觉得技术层面上最大的意义在于克服了上下两部分无缝衔接的难题，同时又开拓出了融合现代时尚元素与西方元素的龙泉青瓷新魅力。《绿水·青山》既坚守传统文化，又怀抱时代魅力的制作特色，是最让我引以为豪的。

龙泉青瓷文化博大精深，每个艺人都有自己独到的见解。我认为作品好不好，技术非常重要，必须做到"釉、形、工"三到位，缺一不可。龙泉青瓷是单色釉瓷种，釉质是关键。为了追求釉的玉质感、莹润感、层次感，烧制过程中就必须通过多次施釉使釉面达到一定厚度，厚度不够就不能形成莹润的玉质感。反之如果厚度太过，整体造型又会显得臃肿。所以，完美的龙泉青瓷釉色要达到的是一种似透非透、类玉又胜玉的效果。在这似透非透之间，龙泉青瓷的釉色会显得更加含蓄玄妙、深邃神秘。这些重要的创作训练给了我很大的启发并强化了我的信念，我们年轻一代的手艺人要努力修炼自己，特别是要练好自己手上的看家功夫，不断地加强自身对优秀传统文化的学习。在世界舞台上，要将更多的中国优秀传统文化融入我们创作的青瓷里面，每做一件作品，就要尽量地表达一些正能量的东西，创作更多既有艺术价值又具思想内涵的、带有时代烙印的、能够走向国际的作品。

采访组：连续多年入选世界互联网大会应该说奠定了您作为青年

龙泉青瓷传承人的典型代表的地位。听说在 2016 年您还有代表作品亮相万众瞩目的 G20 杭州峰会，这对您来说是不是也有特别重要的意义？

王　武：的确如此，对我而言意义非常重大。我的青瓷作品《青璧·素璧》以及《青莲》茶咖具入选 2016 年 G20 杭州峰会，就当时来讲，算是我的青瓷作品第三次亮相世界级大会。

创作什么样的作品拿去参评入展呢？这个问题当时在我的脑海里盘旋了很久。我总想做出最能代表整个龙泉的青瓷作品去参展，但是如此大的选题，一两件小小的青瓷很难体现出来，因此我一直没有轻易动手。构思的过程是漫长而痛苦的，一个又一个想法被我从脑海中否决掉。望着眼前龙泉的青山绿水，我想，还是要以这个方向为主题。于是，《青璧·素璧》以及《青莲》茶咖具便开始逐步成型。

亮相 G20 杭州峰会的《青璧·素璧》《青莲》这两组作品，我都想极力展现中国传统工艺之美。龙泉青瓷在南宋时期达到鼎盛，至简的青瓷《素璧》，正是当时龙泉青瓷鼎盛时期完美工艺的再现。接到作品入选的通知时，我正坐在去外省交流学习的火车上。当时火车上人很多，我找了个角落去接听电话。当时，比起兴奋，我更多的是感到了一份责任，还没好好地感受喜悦，就往家里打了开工电话，马上投入制作。

大家知道，玉璧是礼天重器，它是中国传统玉文化的一种核心器型，《周礼》有"苍璧礼天"之说。玉璧在中国文化中地位特殊，它通常被看作完美人格和理想世界的象征。当年林徽因设计的国徽图案就是以玉璧为主体，彰显了国人美好的意愿。对于玉璧，我有一种天然的喜爱与痴迷。一个偶然的机会让我在参观博物馆时看到了一个汉代玉璧，当时我内心为之一振，那种颜色和质地与龙泉青瓷有太多相似之处！

我就这样细细观赏琢磨，不知不觉几个小时就过去了。回去后，我就下定决心要用青瓷技艺重现汉代玉璧风采。此后，我查阅了大量玉文化资料，请教了众多前辈工匠，开始了一次次的练泥制坯、精雕细琢。

　　为 G20 杭州峰会特制的《素璧》于我而言是一个重大突破，玉璧直径足足有 56 厘米，取中华 56 个民族之意，我想表达出 56 个民族对 G20 杭州峰会的共同祝福。在《素璧》之前，直径 47 厘米的《回纹璧》是我烧制的直径最大的青瓷作品。你别看《素璧》只比之前最大的作品大了 9 厘米，难度可是增加了好几倍。即使我对自己的作品创意和团队都充满了自信，但是在实际的烧制过程中，还是遇到了不少难题。可以说一件 56 厘米的《素璧》作品，让我经历了许多人生第一次。第一次拉这么大的坯，第一次一窑只烧一件、第一次一件作品烧了 30 窑等等。众所周知，青瓷作品在准确造型和精细手工的基础之上，从工艺角度来说更加讲究的是"以釉取胜"。龙泉青瓷泥坯伸缩比例大，高温之下原矿釉流动性强。以璧为形，要在璧肉部位平面多次施釉，又要平置于窑内进行 1250℃ 以上的高温烧制，难度可想而知。为了烧制这样的"大作"，我们专门定制了一块窑板，受窑的大小限制，一窑只能烧一件。虽然难度很大，时间也很有限，但我们一直在努力追求完美。烧出新的一件，就和上一件对比，好的留下，不好的砸掉，再烧好一件，再对比，失败了就继续再烧，直到选出了一件完美的作品，我们最终一共烧了 30 窑，《素璧》终于很好地完成了。当然，我们也不是一味追求大尺寸。在某个历史阶段，龙泉瓷艺界有一种不是很好的想法，就是比尺寸大，一个盘你做 80 厘米我就做 90 厘米，你做 1 米我就做 1.1 米，然后做 1.2 米，号称第一。尺寸的追求是没有终点的，你今天做 58 厘米，我明天就做 60 厘米，何时是个尽头啊！这显然并不是一个健康的方向。还是要从实际出发，从需求出发，并不是越大越好，应该可以大也可以小，可以厚也可以薄。

《青莲》是被 2016 年 G20 杭州峰会选中的又一国礼作品。关于茶咖具的设计制作，一直以来，我第一个也是唯一一个想法就是"青莲"。莲，出淤泥而不染，龙泉以青瓷闻名，"青莲"音同"清廉"，不论造型设计还是寓意，"青莲"都是最好的选择。

当时，杭州峰会方面给了我一个很好的建议，即结合西方国家喝咖啡的习惯，将咖啡具元素加入中国传统的茶具中，将中国传统的茶具与西方的咖啡具结合设计。"心似莲花开"，《青莲》突出实用性与艺术性的完美结合，恬静淡然、含蓄回味。这对我来说是一个全新的概念，也是我第一次设计制作茶咖具。

既然要打破原来的框架，设计制作中西融合的茶咖具，在做设计时，我首先就充分考虑了龙泉青瓷的艺术表现方式，同时兼顾实用性。考虑到中西方国家的饮食习惯，每一件器皿在展现传统青瓷茶具之美的同时，也都融入了国际范。茶咖具具有极大的包容性，它既要适合国人品茗，又要适合外国人品咖啡。所以《青莲》在组合上设计了四杯、四碟、一壶、一奶（公道）杯和一糖（茶叶）罐。在造型上，和国内其他茶具相比，无论是壶还是杯都更加饱满圆润。在装饰上，浅浮雕传统纹饰莲瓣浑然天成、工艺精细，营造出清秀雅致的自然美感。古朴雅致的青莲瓣"浮"在丰腴华美的粉青釉表面，杯口环绕着细细的金色线条，为《青莲》添了几分庄严气质。如果灯光打在几近透明的杯壁上，用一句"湛碧平湖之水，浅草初春"来形容就再适合不过了。在烧制技艺上，我们也进行了大胆革新，茶杯、茶叶罐、公道杯等每一件融入了西方元素的器具，都为整个烧制过程增添了新的挑战。比如说茶杯，我们在茶杯基础上增加了一个杯把，并且在杯子底部、杯垫面上都有纯手工刻制的莲瓣。这些看似微小的改动，都在不同程度上增加了烧制过程中变形的几率。最终能够成功烧出《青莲》茶咖具，也让我自己对传统青瓷茶具的创新有了全新的认识。作为青瓷传承人，在注重传统工艺的基础上，总会在作品中融入自己的思想，从而让每件作品都成为一件有思想的作品。就这点而言，我觉得《青莲》应该是做到了。

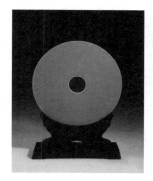
《青璧·素璧》

《青莲》

匠心代表

采访组：王老师，除了龙泉青瓷传承人之外，我们知道您还有一个身份，就是浙江省人大代表，同时也被大家称为"匠心代表"。您是怎样看待您的这一重身份的？您是怎样在履职中有效践行青瓷传承使命的?

王　武：作为工艺美术行业的代表，"匠心代表"这 4 个字有着特别重的分量，它鞭策我不断努力，做好自己的工作，履行自己的使命。2017 年，我当选为浙江省第十三届人大代表。初当选时，我的第一反应是很高兴、很自豪，但渐渐地就感觉到了身上的压力，开始担心自己当不好代表。当时，作为首次当选的年轻代表，我没有参与政事、讨论国是的经历和经验，对人大代表如何履职知之甚少，甚至还有些茫然。

人大代表到底要干些什么？我的答案是：要做推动发展的代表者和践行者。对我而言，这并不是口头上的一句话，而是要用实实在在的行动来实践的。为了尽快进入角色，我除了自己购买书籍学习，还经常向老代表、老同志请教。当代表为了什么？当代表能为大家做些什么？这是我琢磨最多的问题。我始终将履职作为日常生活工作的一部分，在设计创作、日常生活、与人交往中，我积极观察，捕捉并积累履职的素材。为了使自己所说的话、提的建议更专业、更有针对性，我也常常翻箱倒柜找资料，深入实地开展调研，向专业人士请教，坚决避免说外行话、提外行建议。

当然，代表履职需要花费大量精力和时间，当青瓷创作和代表履职在时间上有冲突时，我的选择永远是将履职摆在第一位。代表履职事关国计民生，要优先保障，青瓷创作有时让一下路，我觉得也是值得的。同时，对我而言，这更是一个学习成长的过程，从艺术创作的"单线"模式调整为创作、履职并重的"双频"模式，将专注、执著和细致的工匠精神倾注于代表履职的新事业中，尽全力当好一名"匠心代表"。从初期的学习积累到后来慢慢地捋顺关系，我很快也形成了自己的履职风格。

我们国家一直以来都非常重视文化遗产的保护，强调要高度重视中华优秀传统文化的保护、传承和利用。2021年浙江省政府工作报告中就提到要加强文物保护和非遗传承，强调要系统开展宋韵文化研究传承和南宋文化品牌塑造，语句虽短，但含金量大、精准度高、指向性强。我一直在思考，龙泉因剑得名、凭瓷生辉，剑瓷千年传承铸就了璀璨文化。但龙泉青瓷不是一路兴盛发展的。在近代，龙泉青瓷曾仅剩烟般一缕，时断时续，是在上世纪50年代恢复生产的情况下才走上了复兴之路。在上世纪80年代对外开放的改革浪潮中，作为传统手工业的龙泉青瓷，也遭遇了经济体制变革、工业科技和新材料发展等多重冲击。陶瓷材料、机械、科技等的长足发展，促使青瓷传统手工艺产业逐步趋向多元化、小型化发展。陶瓷企业从过去单一的国企模式转变为个体和民营机制并存的局面。在当时来讲，龙泉属于经济欠发达地区，青瓷企业主要以小规模手工作坊为主。由于处于偏远的山区，龙泉青瓷产业受到市场、品牌等诸多因素的制约，发展空间被挤压，龙泉青瓷的文化价值难以显现。因此，要想重现千年前南宋时期的辉煌，不是一时一日一人的事情，而是所有龙泉人与生俱来的责任。应该说，我们非常幸运，在新时代迎来了一个全新的发展时期，能够有条件将传统文化和艺术创新通过青瓷这一载体展现出来，传承下去，再现辉煌。我现在是深刻体会到，只有党和政府的重视支持才能有一个行业的兴盛。摆在20多年前，我是做梦也想不到我自己能取得今天这样好的成绩，我们龙泉青瓷会有今天这样大的影响力。这几届党委政府都高度重视龙泉青瓷的发展。近年来，我们龙泉依托深厚的剑瓷文化积淀，围绕文化弘扬与产业发展互相促进的目标，全力做大做强青瓷文化产业。剑瓷产业作为龙泉市的两大传统产业，现有生产经营单位 2000 多家，就业人口 2 万多人，剑瓷注册商标 700 多个，青瓷行业专利申请 500 多件。我们在政府的组织下挺进杭州、入驻上海、亮相北京，远赴联合国参展交流，从各方面、多渠道扩大了龙泉青瓷的国内外影响力。所有这些不仅有力地促进了龙泉地方经济的发展，也成了提升群众幸福指数的重要渠道。追溯回 2009 年，龙泉市政府就已经成立了直属部门——龙泉市青瓷宝剑产业保护和发展局，为我们青瓷宝剑产业的繁荣发展保驾护航。政府每年安排专项资金在空间拓展、主体培育、科技支撑、人才培养、平台服务等方面给予剑瓷产业更大力度的倾斜。同时，为了推动特色产业的健康快速发展，陆续出台了相关的规划和政策，这些规划和政策里都包含了弘扬与传承的目标。近年来，龙泉在积极践行"绿水青山就是金山银山"理念过程中，大力发展文化产业。现在龙泉的剑瓷产业发展势头非常好，创新氛围也非常好，手艺人特别受人尊重。青瓷作品在 G20 杭州峰会、世界互联网大会上都高频亮相，品质出众的还会被当作外交礼物赠送，为我们国家的外交事业作出了一定贡献。

　　作为剑瓷行业的一员，这么多年来，我深刻地感受到产业飞速发展的变化，也深知产业转型升级之难。省十三届人大一次会议召开前夕，我在实地走访时，从一群年轻的青瓷从业者口中了解到了他们在生产过程中遇到的资金筹措难、生产环境差、作品展示难等实际问题。我当时的想法就是，青瓷技艺需要传承，年轻一代的发展环境尤为重要，如果他们的问题不能得到很好的解决，将会影响他们的积极性。在进一步了解青年群体发展状况的同时，我把眼光延伸至剑瓷行业的整体发展。我陆续走访了很多家剑瓷企业、作坊，实地察看青瓷小镇、宝剑小镇等项目现场，还与徐朝兴等老一辈剑瓷行业大师面对面交流，到主管部门座谈、查阅资料，一次次不厌其烦地调研、走访，让我对青瓷文化、青瓷产业的发展有了更立体、更深刻的体会。

在省十三届人大一次会议上，我提出了《关于将龙泉剑瓷文化融入大花园建设的建议》《关于要求龙泉旅游轨道交通项目参照国省道建设政策和补助标准的建议》，力求通过继承创新的渠道，以"文旅兴市"的方式推动剑瓷文化发扬光大。建议提出后，浙江省政府、丽水市政府和相关部门都给予了高度关注，不断加大对剑瓷特色小镇发展、轨道交通建设的扶持，陆续出台政策推动传统技艺传承青年人才队伍的建设，刚开工建设的创意园区也以成本价供应给青年剑瓷艺人，邮政银行等金融机构还专门给青年剑瓷艺人提供无担保贴息贷款，使剑瓷行业的创作氛围和发展环境得到了积极有效的改善。

首战告捷，自己的建议发挥了作用，一下子让我信心倍增，履职热情一发不可收，可以说是越发高涨。在省十三届人大二次会议上，我领衔提出了《关于设立龙泉历史经典产业融合创新实验区的建议》，得到了多个省直部门的积极呼应。会后，相关省直部门负责人组团赴丽水就建议办理情况进行了面对面交流，听取了包括我在内的一些青瓷传承人的意见建议。我呢，也进一步反映了自己在会后所掌握的情况。省自然资源厅指导龙泉市在编制新一轮国土空间规划时，提出要结合历史经典产业融合创新实验区建设，统筹优化国土空间规划与产业布局；省发改委、省文化和旅游厅积极支持龙泉参与"一带一路"建设，多维度开展剑瓷文化对外交流与合作；交通部门则支持龙泉提升改善综合交通水平，加快衢宁铁路建设。同时，2019年至2021年，龙泉还获得了每年1000万元的省级专项资金，用于支持剑瓷文化产业的发展。

在2020年的省人代会上，我提出了《关于请求将龙泉列入全省千年古城复兴行动试点名单的建议》，我认为历史悠久、文化底蕴深厚的龙泉是全省千年古城复兴行动试点的合适选择，并且有着十足的底气。龙泉是中国青瓷之都、宝剑之邦和国家历史文化名城、国家文化先进市，全市共有文保单位92处，其中全国重点文物保护单位3处10点，省级文物保护单位9处39点；非遗108项，其中龙泉青瓷传统烧制技艺是陶瓷类的人类非物质文化遗产，龙泉宝剑锻制技艺是首批国家级非遗，剑瓷文化交相辉映、举世无双。龙泉开展千年古城复兴行动也拥有现实需要。受交通区位等条件影响，龙泉至今仍是全省26个加快发展县之一，城市首位度不够高、文化融入度不够高、经济支撑度不够高、城市品质度不够高。龙泉人民复兴"处州十县好龙泉"的愿望非常强烈、异常迫切。2020年是"十三五"规划的收官之年，也是我省高水平全面建成小康社会的决胜之年，谋划开展千年古城复兴行动恰逢其时、正当其势，龙泉更应顺势而为、乘势而上。在文旅融合、打造历史文化名城这方面，我当时也提出建议，将剑瓷文化有效融入龙泉西街历史文化街区，势必更能彰显西街作为历史文化名城核心区的独特之处。龙泉西街存在着为数众多的老房子，这些老房子古韵犹存，是一座座"凝固的历史"，开发潜力巨大。我当时建议将这些老房子修缮保护后作为展览的平台，政府部门、剑瓷行业协会、剑瓷艺术家等都可以加入进来，沉浸式展示龙泉悠久的剑瓷文化。此外还可以开设龙泉宝剑、龙泉青瓷体验坊，让游客亲手制作青瓷、宝剑，亲身体验剑瓷技艺，以此传播剑瓷文化。千年古城复兴行动不仅能帮助龙泉提升城市首位度、文化融入度和经济支撑度，更能让龙泉面临的一些发展问题迎刃而解，重现"青瓷之路—开放之路"的辉煌。

在2022年省十三届人大六次会议开幕前的丽水代表团的首次会议上，我也作了履职发言。当时听了省政府工作报告后，我对浙江文化产业的发展充满了信心。加强新时代文化建设，离不开关键词——"宋韵"。我认为龙泉青瓷、龙泉宝剑是宋韵文化的典型代表，也是当代生活中的一种文化现象。我认为龙泉应当以面向世界的视野弘扬区域特色文化，放大"人类非遗""国家非遗"的光环效应，充分展现品质龙泉更加开放、更加立体、更加自信的姿态和风采。龙泉青瓷作为龙泉的特色生态产业，使龙泉"青瓷之都"的金字招牌具有实实在在的分量。我提出建议，省级层面在扶持26县发展的"一县一策"中，应当制定扶持龙泉日用瓷产业化发展的政策，包括研发、主体、土地和能耗指标等。互联网时代"电商＋快递"成为新业态，可以给龙泉青瓷、宝剑产业带来蓬勃的发展机遇。我还建议省级层面能够出台龙泉传统工艺刀剑快递、寄递相关规范制度，在严格落实快递业实名登记、开包验视、X光机安检等措施的前提下，融合刀剑精密智控系统追踪溯源，打通传统工艺刀剑的快递流通渠道。

一花独放不是春，百花齐放春满园。让剑瓷文化世代相传，让青瓷产业蓬勃发展，是我的愿望，更是我肩上的责任。新征程上，龙泉青瓷发展势头强劲，创新氛围浓厚。这些年来，一路履职，我自己也一路成长，收获很大。既然我代表的是青瓷行业，那么这个就是我的初心和我要追求的匠心。尽管青瓷创作与履职为民一静一动，但是我想我的作用就是要把两者很好地结合起来，替大家发声、替行业发声，尽可能尽自己的全部力量提出一些高质量建议，尽可能把每一次履职、每一件建议，都当成一件作品精雕细琢，让龙泉青瓷通过所有人的共同努力散发出新的时代光彩。面对未来的履职之路，我也已有非常明确的方向，我将永远秉持匠心、永怀赤子之心、坚定自己的初心，把神圣的代表身份通过自己的努力转化为为民尽责的历程，矢志不渝地致力于特色文化的传承保护、创新发展和传播弘扬，为更好地构建中国话语体系，为世界读懂中国文化贡献自己应有的力量。

御品瓷坊设计成型组的故事

采访组：2021 年，御品瓷坊设计成型组荣获了全国工人先锋号的国家级荣誉，很了不起！作为团队负责人，您能谈谈您是怎样锻造队伍和做好团队传承的吗？

王　武：非常感谢！全国工人先锋号是中国工人阶级最高奖项之一，是中华全国总工会制定颁发的荣誉称号，授予在中国特色社会主义建设中作出突出贡献的劳动者和企事业单位、机关团体。2021年"五一"国际劳动节前夕，中华全国总工会对 2891 个集体和个人全国五一劳动奖进行了表彰，我们是其中之一。当得知我们御品瓷坊设计成型组获得了这个荣誉的时候，大家都非常激动，非常兴奋，更是充满了感恩和感谢之情。我们只是做了我们应该做的事情，肯定还有比我们更优秀的企业。能够得到这么高级别的荣誉，是对我们龙泉青瓷企业，尤其是对新生代青瓷企业的一种莫大的肯定与鼓励，特别是对青瓷行业从业者的劳动的一种尊重和认可。包括有的时候，我在外面受到特别的礼遇和尊重，我知道这也并不完全是给我本人的，而是给龙泉的，是给龙泉青瓷的。因此，我特别看重，也非常珍惜这个荣誉。当然，获得这个荣誉的过程也不是一蹴而就的，2017 年我们获评丽水市工人先锋号，紧接着的 2018 年我们又成功获评浙江省工人先锋号，这都是一点点在原来的基础上慢慢做起来的。

拿到全国荣誉的这个场景我至今仍历历在目。2021 年 4 月 30 日上午，浙江省庆祝"五一"国际劳动节暨表彰劳模先进大会在省人民大会堂隆重举行。会议表彰了 2021 年全国五一劳动奖和工人先锋号获奖集体、个人。

和我一起领奖的还有来自我们丽水的全国五一劳动奖章获得者，丽水职业技术学院的李跃亮教授，我们都是来自山区、来自基层的代表。另外，我们浙江共有三位农工党党员或是个人，或是带领的团队获得表彰，除了我们御品瓷坊外，还有全国五一劳动奖状获得者贝达药业股份有限公司、全国五一劳动奖章获得者浙江省农业科学研究院施泽斌。他们都很厉害，长期坚持在教育、医药、农业等各个领域，为国家、为乡村振兴作出了杰出贡献，做了很多的实事，拿了很多的奖，他们都是我非常钦佩的对象，是我学习的榜样，我们互相之间也成了很好的朋友，现在也都会保持联络。

我们御品瓷坊成立于 2009 年。这一年对所有龙泉人来说是一个辉煌的年份，我印象很深刻，应该此生都不会忘记。那年我们喜迎中华人民共和国六十华诞，更让人高兴的是，龙泉青瓷传统烧制技艺被联合国教科文组织列入人类非物质文化遗产代表作名录，这是一件多么了不起的事情啊。而且 2009 年又是龙泉置县一千二百五十年。在这么特殊的一个年份，迎来了这么特殊的一份荣誉，真的是全龙泉人民的骄傲。那年我 27 岁，我们深刻地感受到龙泉青瓷大发展的春天到来了。龙泉这最辉煌的一页告诉我们，优秀的作品一定离不开世界。我创办御品瓷坊就是要创作出更多好的作品、不朽的作品，要身体力行宣传好非遗，真正把列入人类非物质文化遗产代表作名录的龙泉青瓷宣传好。众所周知，人类非物质文化遗产就好比自然界的濒危物种，于是联合国教科文组织通过各种活动来宣传对非物质文化遗产的保护。所以对龙泉青瓷来讲，成为世界级陶瓷类的非遗，影响力是非常大的。世界上每个城市都以能被列入代表作名录而自豪。2009 年申遗成功后，2700 多家龙泉青瓷市场主体、上万名青瓷手艺人乘势而上，努力推动传统技艺再出发。在这样一个重要的时间节点创立御品瓷坊，也是觉得作为青瓷世家传承人，我们不仅有理由骄傲，也有责任去保护和传承。在这样一个伟大的时代，我们要做出我们当代的精品，提升产业的形象、龙泉的形象、我们每一个人的形象，用更高的标准把事业推向更高的水平。

我们龙泉市内的青瓷民营企业是很多的。我所在的御品瓷坊位于龙泉市区，地段比较好，交通比较便利，是高速路口下来的必经之路，属于一个闹中取静的位置，里面是静谧的小小院落，外侧则是龙泉最热闹的街道。我们的企业是一个以生产传统艺术陈设瓷为主、日用瓷为辅的青瓷世家生产企业。现在有些工厂通过模具大批量生产，这样生产出来的产品大多缺乏灵气。我们御品瓷坊的产品均为手工制作，目标是打造具有文化基因的艺术品。这个地方我们潜心经营了很多年，规模慢慢地扩大，经营的面积也越来越大，团队成员也是越来越多。从刚开始一个不知名的小作坊到今天这样一个算是有一点点知名度和影响力的瓷坊，应该讲是凝聚了我们几代人的心血。我把瓷坊当作自己的家，除了睡觉时间，基本上我的工作、交流、会友都在这个地方，这是一个可以让我完全沉浸、完全自如、完全放松的青瓷艺术世界。你知道，对于艺术工作者，尤其是我们龙泉青瓷手艺人来说，工作室或者工作坊太重要了，那是我们青瓷艺人扎根龙泉，也是我们龙泉青瓷通往世界的一方小小窗口。

走进我们御品瓷坊这个青瓷的艺术世界，拾级而上，你首先看到的会是我们瓷坊的代表作《青璧》。《青璧》就像是一个静候多时的道者，以一抹青色为裳，站在转角的展台上，静静地凝视着你。再往上，二楼右手边是一个茶室，也是我的一个会客厅。左手边是我们的展厅。这个大的展厅除了陈列作品外，还悬挂有一块写着"一脉相承"的匾额。御品瓷坊目前共有企业工厂两个，总面积有 3000 多平方米，工人有 20 多个。产品生产采用纯手工拉坯成型，既有传统青瓷古朴大气的风格，又富有时代的气息，造型巧妙、图案精美、典雅大气。我们生产的弟窑青瓷色泽青莹、温润如玉、天青独树。哥窑青瓷则开片诡谲、别具韵味，开片厚釉与露胎雕刻结合，给人以和谐、新颖的艺术感受，深受青瓷爱好者、收藏家和各界人士的青睐。自从创立以来，我们御品瓷坊设计成型组创作设计的青瓷作品先后获各大展赛奖项 100 余项，其中金奖 30 余项；被市级以上博物馆永久收藏的有 20

余项；获国家外观设计专利 20 余项。作品先后赴法国、日本、韩国、希腊、匈牙利、西班牙等国家参展。

中国早有"艺痴者技必良"的说法。对于我们这样的龙泉青瓷新生代工匠而言，继承父辈衣钵并进行创新是一种使命。近年来，我们团队致力于龙泉青瓷传统烧制技艺的传承和发展，形成集传统文化元素、理念与现代设计于一身的鲜明艺术风格，也取得了一定的成绩。但目前我们思考更多的是如何赋予古老的青瓷更多魅力。我们御品瓷坊的创新理念是在传统艺术里面增加新时代的特色，这个道理虽然易懂，但做起来是非常难的。前面我也举例介绍过，一件优秀的作品，从创意到落地整个诞生的过程是非常艰辛的。好的作品必须要有好的创意，技术上也少不了一些创新突破，要实现这些目标，创新人才或者说年轻人是非常重要的。我们御品瓷坊一直以来非常注重吸收新鲜血液，工作室里已经拥有了多位能工巧匠，其中不乏 90 后的年轻人，他们有的有一定的专业背景，是龙泉职校青瓷专业毕业的；有的是一些外地来的青瓷爱好者。他们的身份也不仅仅是工人，更是"新人"。我和他们也经常在一起交流分析，探讨烧制、釉色、造型等方面的问题。对于"新人"，要着重于造型能力、釉色掌握等方面的技能的培养，对艺术史、美术史等知识的学习也非常重要，文化毕竟是要靠积累的。今年是御品瓷坊成立的第 12 个年头，一路走来，我们以引领产业发展、成就时代企业为使命，积极适应时代的变化，努力从文化、模式、机制、组织等方面与时俱进，进行流程再造、文化重塑，把瓷坊的经营同经济的新常态联系起来，把瓷坊的发展与山区县区域经济发展、诗画浙江大花园发展战略联系起来。现在我们有一些年轻人在做直播，这种销售和传播的方式主要也还是依靠我们这类年轻一点的经营者去积极尝试，倒也不是说纯粹以赚钱为目的，而是我们企业也要跟上时代发展的步伐，积极融入数字经济的浪潮当中，逐步转型升级，从传统单一的模式向多元化发展方式变换。这种传统销售模式、理念的革新大大加速了龙泉青瓷走出去的速度，目前我们的客户群体已经从国内扩展到海外。在我们的直播间，不仅能让客户买到自己喜爱的、来自原产地的龙泉青瓷，还能让世界各地的人们读懂青瓷背后的故事和文化。推动青瓷产业高质量发展，除了要用极致的匠心传承千年的技法和经验，也要用数字时代的方法来带动传统产业的创新。

在成长的过程中，我们也逐渐有了更深层面的认识和体会，要创作出经典的作品、传世的精品，必须要真正地了解龙泉青瓷，必须全面了解宋代的经济、文化等等。比如说研究五代的事情，你一定要对吴越王钱镠有一个认识，他在位的时间里发生了什么，你一定要清楚。相应的，两宋时期在龙泉大地，或者说在浙江大地上发生过什么，它们怎样影响着龙泉瓷器的发展，整个艺术流派、社会潮流、审美时尚的变动又是怎样的，这些都需要去搞清楚。所以我觉得我们今天不仅要培养"新人"，包括我们自己也要永远有一种"新人"的心态，大家都要学习，要上课，还要补课。只有这样，我们才能把企业办得更好，办得更持久，才能复兴青瓷永载史册，创新青瓷成就辉煌，无愧于龙泉这方养育我们的水土。

现在，我的两个孩子也开始懂事。我内心很希望外公那个关于龙泉青瓷复兴的梦想能够在家族第四代中继续传承下去，也能够在更多龙泉年轻人的心中扎根。希望通过我个人以及家族的努力，可以让更多的人了解青瓷、爱上青瓷，并把优秀的传统文化不断地传承下去，让子孙后代能够体验优秀传统和技艺所带来的美感。

新生代的从业生态与机遇挑战

采访组：龙泉青瓷是宋韵文化的重要组成部分，作为一个80后年轻的青瓷传承人代表，您认为怎样才能在继承中开创龙泉青瓷新的辉煌？

王　武：作为80后的青瓷传承人之一，我们这批青瓷艺人都感恩于新时代给予我们的机遇。不论是在传统技艺中探赜钩深，还是在当代器型里开新致远，龙泉青瓷一直都在以自己的方式呈现宋韵文化精髓。它代表一种雅正的审美理念，中正、本色且纯粹，在清逸中见风范、见气韵、见根脉，使宋韵之"匠心"具体化，催化宋韵新能量生发。最近，我们也在密切关注杭州国家版本馆的落成，它真的是在昭示和展示着我们民族"郁郁乎文哉"的盛大气象，为浙江文化高地建设增添了动人一笔。作为宋韵文化的重要组成部分，龙泉青瓷以一种全新的形式，将流淌了千年的宋韵风华发挥得恰到好处。它有着从土地中生出来的特质，和宋韵一起成长演进，富有生机与弹性。数万片纯手工烧制的青瓷片，组成一樘樘青瓷屏扇门，分列于杭州国家版本馆的各个空间中。瓷片无言，却在许多场景中成为宋韵的建筑载体，成就宋韵的感性显现。中国传统建筑的物料选择是第一位的，因为物有"物性"，它是活的。杭州国家版本馆这座国家文化工程选取的建筑材料也不例外，龙泉青瓷"以瓷仿玉、温润如玉"的"物性"，造就了"将龙泉青瓷釉面砖（青瓷板）列入杭州国家版本馆外墙装饰重要材料"的历史机遇。还有在海南的消博会上，120多件国礼级的龙泉青瓷为文化浙江增光添彩；重启中的杭州亚运会，也是不乏青瓷元素。应该说千年龙泉青瓷正在新时代新征程中迎来新的发展机遇。

现如今社会经济越来越发达，人民生活也会越来越好，有更多的人会来收藏我们的龙泉青瓷，可谓是占尽天时地利，正逢政通人和。这对于复兴龙泉青瓷来说是千年等一回的机会，而我们要做的就是抓住这一机会，在继承中创新。当然，在继承中创新是一个很大的话题，也是一个很大的课题。作为传承人，首先要感谢龙泉这方水土，感谢孕育这方水土的天地，是大自然把宝贵的青瓷原料赐予我们，是祖先把精湛的技艺传授给我们，才有了今天这些形形色色、丰富多姿的宋韵"芯片"。我还是觉得，我们要有一颗感谢自然、感念历史、感恩祖先的心。龙泉窑之所以成为烧制年代最长、窑址分布最广、产品质量最高、生产规模和外销范围最大的历史名窑，与整个龙泉地理地貌、自然资源的得天独厚的基础和优势是分不开的。我们龙泉市占地面积约3000平方公里，从东到西总长约70公里。龙泉境内群山连绵、河水湍急，呈山地地貌，龙泉溪从西南向东北贯穿中部。生产瓷器是需要很多条件的，龙泉不仅蕴藏着丰富的制瓷原料，而且龙泉山区盛产烧瓷燃料——松柴，水流资源也十分丰富，是建窑烧瓷的理想地方。瓷土釉料都来自自然，石灰釉本来就是本地的自然矿物质，石灰碱也是草木灰烧出来的。据明朝陆容《菽园杂记》记载："青瓷初出于刘田……泥则取于窑之近地，其他处皆不及。"由此可见，青瓷是自然的造化。龙泉人都会说瓷土胜黄金，瓷土的精华，是淘出来的、是洗出来的。用什么洗？是用水洗出来的。龙泉山是八百里瓯江的源头，用天地之间的第一水来淘洗瓷土，天地精华、自然灵气蕴含其中。基于此，龙泉烧制的青瓷与其他地方比较，翠色格外明显，而且釉层清澈透明，宛如一汪碧水。因此，我们要永远对自然怀有虔诚感恩之心。再者，我们的技术也不是凭空得来的，我们的技艺是代代相传的，是祖先留给我们的。由于龙泉人辛勤劳作，并且拥有高超独特的制造技术，使得土壤和水源的运输过程更加快速和便利，不仅满足了自身的发展需求，也可以将产品提供给其他城市和地区。如今，到了我们这一代人的手上，当然应该继续代代相传。所以，面对祖先的馈赠，面对人类文化的瑰宝，面对大自然的厚爱，还是需要充满敬畏之情。自然给了我们能量，祖先给了我们力量。浙江省、丽水市、龙泉市的党委政府都非常重视这些资源，作为从业人员，我们是艺术品的创作主体，我们应该更加谦虚，也应该把目标定得更高一些，要有信心做出更加优秀的作品，更应该有更大的跨越，用优秀的作品来感谢伟大的时代、致敬伟大的时代。

其次，要高度重视对历代龙泉青瓷工艺技术的传承与创新。我认为剑瓷锋自磨砺来，我从立志学艺开始坚持到现在有将近二十年时光了，从最基本的原料配制到艺术构思，成型、装饰、上釉和烧制等过程中的道道工序几乎都是亲力亲为。我日常跟随师傅们潜心研究龙泉各遗址上的各种残圭断璧，虚心请教，孜孜不倦。不仅慢慢掌握了胎料、釉料配制技术，拉坯成型技艺，刻、划、堆、塑装饰手法，青瓷烧成等传统烧制技艺，还刻苦钻研龙泉青瓷各个历史时期的经典之作和传统技艺。我的经验之谈是，对釉的把握非常重要，在此基础上，还需要熟谙传统造型的审美意境,才能使我们创作出的作品或简洁大气、凝练宁静,或端庄厚重、线条流畅。不仅如此,还要在作品中融入现代艺术风尚,推陈出新,使得制瓷风格简朴沉静、敦厚雅致且不失新意。前人在龙泉青瓷烧制技艺上的成果需要我们后人去保护、去传承,但站在龙泉青瓷发展的角度,在前人的基础之上去创造更多新的作品,才是真正的对前辈、对艺术的一种传承与尊敬,才是真正做到在传承经典中超越经典。前面我们也谈到过创新。我认为龙泉青瓷既要走得出"深闺",也要跟得上时代。龙泉青瓷在宋韵文化中的重要地位不言而喻。眼下对宋韵的追寻,正在成为我们情感回归的重要纽带。有一点是非常肯定的,我们这些传承人、手艺人正在延续着前辈敢于试、勇于闯的品格,用现代化的创新手段,逐步地寻求突破。比如说,如何根据龙泉青瓷的工艺原理,利用新技术、新设备、新材料进行工艺技术成果的现代转换,已然成为传统龙泉青瓷工艺技术传承与再造的关键。早在 20 世纪五六十年代,龙泉青瓷产区包括早期的国营瓷厂,根据古代青瓷的制瓷原理对窑炉、模具等生产工具进行了改造升级,先后设计制造出现代柴窑、煤窑、液化气窑、拉坯机、石膏模具等,这在很大程度上提高了龙泉青瓷的生产质量与效率,完成了传统制瓷技术的现代设备升级与转换。时间来到今天,当代的科学技术发展快速,智能机械、3D 打印、数字建模等新技术不断涌现。目前,在设施设备上,我们已经有了现代化的智慧窑炉,只要我们提前设定温度曲线,它就能自动调节各个烧制时段的温度。这种烧制手段的智能化可以降低我们的人力成本。而且据我所知,龙泉市还自主研发了智能梭式窑炉,并且也在逐步推广之中。关于原材料的困境也可以说是拨开迷雾见了光亮。眼下，龙泉市已经着手开始研发传统龙泉青瓷瓷土的标准化生产应用，通过建立数据库、优化原材料配方等方式，实现青瓷原料规模化的稳定生产。面对瞬息万变的市场，除了专注于手工创作，我们的目标也更为明晰了，我们会更加注重衔接市场。我们的日用瓷既时尚又能展现我们企业的风采，如一些青瓷饰品、异形香炉等，一定程度上拓展了我们消费群体的年龄层次，也能吸引年轻的消费群体，受到年轻人的喜爱。

青瓷行业的发展氛围越来越好，政府的引才模式也在积极创新。政府现在搞了一系列的青创政策，我既算是推动者，也是受益人。我们的青瓷苑、大师园、创客园等集聚区给很多从业者，特别是年轻的创业者提供了宽敞的用房、便捷的生活条件、浓厚的青瓷文化氛围，让80后乃至于90后的创业者能够在龙泉以最低的成本、最优的环境创业。人才是青瓷艺术传承最关键的因素。这两年，由政府牵头，龙泉与浙江大学、中国美院等教学研究型高校开展了政产教联合培养模式，龙泉办了青瓷学院，丽水学院成立了中国青瓷学院，丽水职业技术学院在龙泉成立了龙泉分院，这些应该讲都为青瓷产业带来了新兴的血液和发展力量。在未来，我觉得政府在教育培养人才方面可以继续加大扶持的力度，大力保障措施的落实，形成更有利于青瓷高技能人才成长的良好环境，并大力宣传高技能技术人才在经济社会发展中的重要作用和贡献。可以与我们这些企业联合实行"订单式"培养，及时为企业输送高技能人才。同时也要让企业家们多多走出去，通过定期的培训、考察等途径，接收来自国内外经济文化艺术发达地区的文化理念、经营理念，还可以多邀请国内外知名的专家来本地讲学，为人才的多途径培养提供政策保障措施。

除了以上我讲到的个人、团队和政府的一些探索和尝试之外，还有一点，从我的角度来看，我觉得也很重要。在创作的过程中，每一件作品都是倾注了我们创作者的感情的，但光有感情其实也是不够的。龙泉窑火逾千年而未断，是举世闻名的历史名窑，其烧制时间之长、分布范围之广、产量出口量之大，在历史上绝无仅有。作为龙泉青瓷的传承人，每个创作者都应该慢慢修养自身气度，有一团浩然正气在胸，作品才能够体现出这种大气、大度来，才能体现出大国精神、时代风貌、民族文化。作为这个领域的年轻一代，我们面前还有很多高峰，我们都还要往上走、往前走。唯有如此，才能在创新的过程中，像大浪淘沙一样留下一些最经典的东西。每个时代都有每个时代的经典，这个经典会永远地做下去、传下去，我们要给后人留下我们这个时代的经典。

当然，我觉得青瓷事业要取得新的辉煌，光有我们做瓷人也是不够的。一个地方瓷器要正常发展，也需要有一批评论家、鉴赏家。艺术的发展其实也是在艺术评论的过程中前进的，艺术评论家的位置是很高的。瓷器作品要在全国或者瓷器市场上走到一个高点，也是需要厉害的评论家、鉴赏家的。从整体来讲，和制瓷大师们的数量相比，龙泉这方面的人才还是比较缺乏的。要能理解青瓷艺术真正的内涵与精髓，而不是随波逐流、人云亦云，这可能也是龙泉青瓷健康发展、创新发展需要关注的。

我觉得我们这些青瓷传承人，尤其是80后、90后年轻一代的青瓷传承人，未来要走的路还很长。一路走下来，我最大的体会和感受是，青瓷的创作是需要积累的，是需要时间来完成的。艺术的追求是永无止境的，作为传承人来说，创作出更多更好的作品才是最重要的，今后，我和我的团队会花更多的时间在创作上。

采访组：作为入选人类非物质文化遗产代表作名录的陶瓷类项目，龙泉青瓷文化得到了全世界的欣赏和认同，其经济价值也得到了进一步的提升，这也为龙泉青瓷的传承与发展赢得了更好的环境和机遇。在这样的大背景下，您认为龙泉青瓷的未来发展会面临哪些挑战？

王　武：确实如此，龙泉青瓷传统烧制技艺作为世界级非遗绝不是徒有虚名，龙泉青瓷的发展将青瓷技艺推向巅峰，成为我们世代相传的财富。在人类非遗背景下的龙泉青瓷犹如一个包容世界的窗口，向世界展现了中华民族自身的文化内涵，并受到国际社会的广泛认同，从而实现了从商品到文化的真正意义上的走向世界。同时，作为龙泉的经典文化资源，龙泉青瓷的传承发展也影响和带动了当地的经济，提升了龙泉人民的文化认同。

龙泉青瓷的发展不是一直兴盛、一帆风顺的。龙泉青瓷始烧于三国两晋，鼎盛辉煌于宋元。龙泉青瓷中的哥窑为宋代五大名窑之一，制瓷规模空前绝后，技艺登峰造极，也使得龙泉成为全国著名的制瓷中心，历数百年之久，直至清代开始衰落，但民间的烧制从未间断。

新中国成立后，我们国家重新开始重视传统历史名窑，特别是国家下达了首先要恢复龙泉窑和汝窑的指示之后，浙江省龙泉青瓷恢复委员会和龙泉青瓷恢复领导小组相继成立，开始进行龙泉青瓷传统烧制技艺的研究，使它恢复了更好的发展。到了上世纪90年代末，在市场经济的冲击下，国营瓷厂逐渐退出历史舞台。但龙泉青瓷没有因为瓷厂改制而再次走向衰微，反而是在市委、市政府积极创造的良好环境下，形成了百花齐放、百家争鸣的局面，尤其是进入 21 世纪以后，龙泉青瓷真正走上了中兴发展之路。到了新时代，剑瓷产业依然是龙泉最具规模的地方经济支柱产业，青瓷、宝剑仍是龙泉旅游核心吸引物。中国青瓷小镇已经成为国家级特色小镇，龙泉青瓷博物馆是全球唯一一个介绍青瓷烧制过程及相关技艺、系统展示龙泉窑历史的龙泉青瓷主题博物馆。相关统计数据也显示，龙泉凭借这些特色产业成功打造了国家级旅游风景区，实现了产业模式升级。

如果说有哪些挑战的话，我想第一点就是由于龙泉青瓷产业的发展还是以市场需求为基本导向，我们要关注的首先就是在龙泉青瓷产业化和旅游化的过程中，青瓷烧制技艺如何保护、产品质量如何保证的问题。作为传承人，需要我们一直去坚守和付出更多的努力。其次就是人才培养。民间龙泉青瓷的传承主要还是依靠家族内部传承，老一辈的艺人年龄越来越大，保护好老一辈的青瓷传承人并培养新一代的传承人非常重要。年轻一代的培养，在训练成为技术工匠的基础上，需要更加重视对艺术和文化的学习、传承。目前整个行业的人才需求结构已经发生了非常大的变化，更需要的是综合性的技术、艺术人才。第三，龙泉青瓷的产业化、大众化有待提升。在北上广深等大城市、大的消费市场还可以再扩大布局，让普通消费者对龙泉青瓷有更高的认识度和认可度，从而形成更大的市场规模。同时，还可以继续深入现代化的一些转换，将传统的资源性产业转化为文化创意产业。第四，政府对青瓷行业的引导和教育还需要加强。比如可以进一步建立健全行业规范和良好的企业价值观，加强青瓷企业的品牌建设，避免产品的同质化现象。第五，对青瓷文化的研究有待进一步加强。目前已发现的龙泉青瓷古窑址有 400 多处，遗址密度可谓是世界之最，处处彰显着千年的积淀和辉煌的历史。这些历史文化遗迹不仅仅是作为文物和名胜，它还承载了众多的文化因素。此外，青瓷的烧制崇尚自然，讲究天人合一、心物合一，工艺之外更体现出一种韵外之致和禅意美，体现着中国人的文化追求和艺术审美追求。以青瓷作品带动青瓷文脉的深度挖掘、传统文化资源的再认识和再运用，这方面也是大有文章可做的。而在外部的公共服务方面，龙泉内外部的交通还需要在现有基础上有更大的提升。这是一个老生常谈的问题，也是山区发展面临的共同问题。目前在长深高速的基础上已经开通了"绿巨人"，应该讲大大增强了杭州、上海等重要城市客源来龙泉的便捷性。很期待丽水机场建成后，丽水能够形成整个立体的交通网络体系，龙泉内部的交通能更好地适应产业集聚、智慧物流。

采访组：您的企业名字是"御品瓷坊"，从初创到颇具规模，再到如今在业界具有一定的知名度和影响力，您怎样看待青瓷企业的品牌建设？

王　武：我们御品瓷坊的品牌经营理念是"承三代匠心，琢千年青瓷"，寓意为既传承经典，又超越经典。我们也越来越感受到，在技术水平普遍迅速提高的今天，除了产品质量上的差距，创新、设计和品牌已经成为青瓷企业之间竞争的关键要素。实事求是地讲，现阶段龙泉青瓷产业还是不可避免地存在着市场定位、发展方向不明确，缺少和当代生活密切相关的产品等问题。值得我们关注的是，不少企业往往缺少品牌意识和品牌策略，有的时候也不太看重产品的设计和内涵，常常是看市场上什么陶瓷产品卖得好就跟风生产什么，再通过价格战来争夺市场，造成青瓷行业内的恶性循环，一定程度上挫伤了青瓷设计者的创新热情，进而会降低青瓷设计专业人才从事青瓷行业的积极性，甚至给整个青瓷行业带来负面影响，不利于整个行业的可持续发展。当然，这应该也是陶瓷类、装饰类企业产业发展面临的一个共同的问题。目前龙泉青瓷的艺术品市场，还有很多消费者不知道的品牌，或者可以说大量的品牌还不具备标志性。因为龙泉青瓷本身就是一块金字招牌，是一张独一无二的专属标签，从这个角度来说，有部分企业可能还是停留在依靠龙泉青瓷的历史文化价值来获得消费者认同这么一个阶段，当然这也无可厚非。然而，从另一角度来看，龙泉青瓷的区域产业品牌在使用权上并没有做限制，在龙泉的青瓷企业一般都可以使用。另外，不少规模较大、创新能力较强的企业也存在着被模仿的困扰。因此，从这点上来讲，我们也要防止区域产业品牌过度使用和空心化的现象出现。目前专门生产青瓷的企业数量众多，据我所知，龙泉大概有500多家青瓷企业。如何在激烈的市场竞争中建立优势、脱颖而出，是必须要倚靠青瓷品牌的力量的。我们需要在这个基础上往前大胆地走一步，在依托龙泉青瓷传统的历史文化价值的基础上，探索出其他具有差异性的品牌文化价值。换句话说，找到差异点后，进而打造品牌的独特性以获得消费者的认同，甚至出一些爆款，就有可能获得消费者对品牌的认同，从而形成对企业文化价值的认同。

　　一个成功的品牌都是有自己稳定的消费群体的，明确的市场定位和导向是确保企业稳定销售、占领市场的先决条件。今天，随着老百姓或者是业界品牌消费意识的不断增强，我们许多产品生产企业的经营模式开始发生转化，已经从单纯的产品经营走向了品牌经营，比如说国内知名的建筑卫生陶瓷品牌东鹏、箭牌、马可波罗等等。中国陶瓷网从 2011 年开始，每年都会评选并发布"建筑卫生陶瓷十大品牌榜"，堪称陶瓷行业历史最悠久、底蕴最深厚的品牌榜单。主办方不唯营收规模，也不唯产地，而是从品牌的影响力、生产力、产品力、原创力、设计力、内容力、运营力、创新力等多个维度对参评品牌进行综合评估。颁奖典礼会在北京人民大会堂、钓鱼台国宾馆、北京国家会议中心、杭州国际博览中心（2016 年 G20 杭州峰会主会场）等国家高规格会场举行。经过十多年的积淀，已经逐渐成为陶瓷经销商和消费者衡量品牌价值的重要榜单。虽然当前的国内品牌与世界品牌可能在知名度和影响力方面还存在一定差距，但许多创新的做法带给我们很多思考和启发。在品牌意识越来越重要的今天，龙泉青瓷生产企业如何打造和经营青瓷品牌、如何培育青瓷名牌、如何树立中国青瓷形象，是一件迫在眉睫的要事。

我们龙泉市委市政府高度重视龙泉青瓷品牌的建设工作。为了持续提升产业的品牌效应，实施了一系列的政策。比如制定出台税收优惠、土地租金优惠、创业补贴、人才津贴等各项惠企利企政策，推动企业向好发展。市场也越来越规范。这几年陆续出台了新青瓷系列国家标准、"浙江制造"行业标准等产品标准和检测方法标准。在省委、市委的大力支持下，还积极开展地方政府营销。例如龙泉每年都举办高规格、高标准的世界青瓷大会，还在"一带一路"沿线国家开展或参与系列青瓷展、青瓷文化论坛等活动，采用"一瓷一城市""一瓷一故事""一瓷一传承""一瓷一世界"等理念讲好青瓷之都的青瓷故事，积极推进国际青瓷合作，扩大龙泉青瓷的影响力，持续放大龙泉青瓷的品牌集群魅力，取得了非常好的成效。在政府的主导下，龙泉青瓷品牌的竞争力和美誉度都得到了极大的提升。

在下一阶段，从企业主体这个角度去打造企业品牌，还是大有文章可作的。首先，还是要努力实现企业生产经营观念的转变，增强创牌的意识。作为传承人或者企业经营者，在思想上必须认识到，打造有影响力的企业龙泉青瓷系列品牌的重要性和必要性。我们一定要重视并且发挥好企业作为产业集群主要营销活动主体的作用，确定以企业为主体的营销培育模式。对区域产业品牌、企业品牌、产品品牌进行重新定位。做好市场细分、目标市场确定、品牌定位等工作。政府、行业协会和企业要互相配合，发挥各自的作用。其次，要进一步打造差异化企业形象，增强创牌的能力。根据我的理解，可能不一定正确，我认为品牌策略是企业产品多因素综合的文化形象系统战略工程。我们日常所说的品牌通常是指一个产品的名称、记号、象征或者设计，通常是由品牌名称、品牌的标志形象这两个部分构成的。尤其包装是产品的外衣，也是品牌的主要形象，因此包装的好坏也是品牌决策的一个重要方面。龙泉青瓷的包装品质与内容在这几年已经发生了一些变化，但各企业之间的差异不是很大，主要还是重视程度的问题。我们的近邻日本的传统手工艺产业不仅有十分精美的外包装，而且十分注重包装内部的品质和文化价值的彰显。有的产品打开外盒后，里面不仅仅有地域传统工艺的介绍，还有创作者个人的经历等详细内容，光从包装上就可以看出企业对产品的重视。所以他们的产品附加值很好，也成了文化创意产业的一个典范，这点值得我们学习借鉴。第三，进一步重视品牌营销，增强维护品牌的能力。大部分企业对品牌的建设应该已经走过了注册商标的阶段，接下来的重点可能需要放在深入挖掘品牌的内涵、增强品牌的营销意识这些方面。要积极打造优秀的企业文化，凸显产品和企业的特色与优势，进而提升企业的整体形象。可以积极采用一些品牌体验、直播带货、个性化定制生产、开设分销渠道、与家装公司合作、融媒体宣传等新途径来探索。当然，这需要我们具备一定的长期战略眼光，尤其是龙头企业，在设计、研发方面需要投入比以往更多的资金、人力和物力。与此同时，对于企业来讲，还要抓好产品质量的内控。产品是企业的根本，质量是产品的核心竞争力，是品牌得到消费者信赖的关键，质量是最重要的。

最后，把目光放回到我们"御品瓷坊"，我的目标总而言之就是一句话，要把"御品瓷坊"开成龙泉青瓷的百年老店！

采访组与王武合影

王武年谱

1982 年 11 月，出生于浙江龙泉的一个青瓷世家。

2009 年，创办个人青瓷工作室"御品瓷坊"。

2013 年，作品《富贵牡丹》获首届亚太传统手工艺博览会金奖。作品《风调雨顺》获首届亚太传统手工艺博览会银奖、中国工艺美术大师作品暨工艺美术精品博览会金奖。

2014 年，作品《青璧》获第十届中国（深圳）国际文化产业博览交易会冬季工艺美术精品展中国工艺美术百花奖金奖。香器"祥云"系列获中国工艺美术大师作品暨工艺美术精品博览会特等奖。作品《美人醉》《鸿运开泰》被选为第一届世界互联网大会官方指定礼品瓷。

2015 年，取得青瓷设计制作专业工艺美术师资格。作品《七弦瓶》《太平有象》《青璧·回纹璧》被选为第二届世界互联网大会官方指定礼品瓷。作品《青璧·素璧》在第五届中国（浙江）工艺美术精品博览会上获得金奖。"青璧"系列获第五届"大地奖"陶瓷作品评比金奖。作品《龙腾盛世》获第七届浙江·中国非物质文化遗产博览会金奖。作品《青璧·龙纹璧》获浙江省第四届青瓷创新评比金奖。

2016 年，作品《印象乌镇》被选为第三届世界互联网大会官方指定礼品瓷。作品《青璧·素璧》于 G20 杭州峰会期间在杭州萧山国际机场专用候机楼贵宾厅陈列展示，并被杭州萧山国际机场有限公司永久收藏。作品《青璧·回纹璧》《青璧·龙璧》被龙泉青瓷博物馆永久收藏。

2017 年，作品《幸运乌镇》被选为第四届世界互联网大会官方指定礼品瓷。

2018 年，作品《和合》被选为第五届世界互联网大会官方指定礼品瓷。作品《红船精神》在第八届中国工艺美术精品博览会中荣获金奖。丽水市人民政府授予王武丽水市工艺美术大师荣誉称号。同年 11 月，王武被评定为第六届浙江省工艺美术大师。

2019 年，作品《梦栖乌镇》被选为第六届世界互联网大会官方指定礼品瓷。

2020 年，作品《家园》被选为第七届世界互联网大会官方指定礼品瓷。

2021 年，作品《绿水·青山》被选为第八届世界互联网大会官方指定礼品瓷。

2022 年，作品《富贵如意》被选为第九届世界互联网大会官方指定礼品瓷。

参考书目

1. 中央党校采访实录编辑室:《习近平在浙江(上、下)》,中共中央党校出版社 2021 年版。

2. 习近平:《之江新语》,浙江人民出版社 2007 年版。

3. 人民日报评论部编著:《习近平用典》,人民日报出版社 2015 年版。

4. 人民日报评论部编著:《习近平用典第二辑》,人民日报出版社 2018 年版。

5. 本书编写组编著:《干在实处 勇立潮头:习近平浙江足迹》,浙江人民出版社、人民出版社 2022 年版。

6. 王文勇:《中国工艺美术大师徐朝兴:龙泉青瓷》,江苏美术出版社 2012 年版。

7. 周绍斌、徐华颖:《中国工艺美术大师全集·徐朝兴卷》,文化艺术出版社 2011 年版。

8. 周武编:《传承延续:国家非物质文化遗产·龙泉青瓷》,中国美术学院出版社 2009 年版。

9. 周武主编:《青瓷·传承·复兴:徐朝兴从艺六十周年师徒作品集》,中国美术学院出版社 2016 年版。

10. 张建平:《书韵青瓷》,中国美术学院出版社 2009 年版。

11. 张建平:《龙泉青瓷书法装饰创新研究》,西泠印社出版社 2010 年版。

12. 张建平、李岩编著:《李怀德与龙泉青瓷"非遗"传承》,文化艺术出版社 2014 年版。

13. 徐徐、张建平:《文化青瓷创艺》,西泠印社出版社 2018 年版。

14. 龙泉市博物馆编：《梦笔生花：张建平书韵青瓷作品选集》，浙江教育出版社 2018 年版。

15. 《金登兴回忆录》，内部资料。

16. 龙泉市宝溪乡编：《龙泉窑与宝溪》。

17. 吴越滨、何鸿编著：《浙江青瓷史》，中国文史出版社 2008 年版。

18. 王振春主编：《还原繁华——宋朝的龙泉》，中国文史出版社 2015 年版。

19. 雷国强、李震：《琢瓷作鼎：古代龙泉青瓷香炉制作工艺研究与鉴赏》，中国书店 2016 年版。

20. 苏鹤鸣编著：《龙泉青瓷》，文物出版社 2007 年版。

21. 陈万里：《瓷器与浙江》，中华书局 1946 年版。

22. 陈万里：《中国青瓷史略》，上海人民出版社 1956 年版。

23. 浙江省轻工业厅编：《龙泉青瓷研究》，文物出版社 1989 年版。

24. 北京艺术博物馆编：《中国龙泉窑》，中国华侨出版社 2016 年版。

25. 中国古陶瓷学会编：《龙泉窑瓷器研究》，故宫出版社 2013 年版。

26. 叶英挺编著：《中国古陶瓷 龙泉窑》，人民美术出版社 2013 年版。

27. 叶宏明编著：《龙泉青瓷釉色的研究》，轻工业出版社 1960 年版。

28. 叶宏明：《举世闻名的龙泉青瓷》，1982 年浙江省硅酸盐学会资料。

29. 叶喆民：《中国陶瓷史：增订版》，生活·读书·新知三联书店 2011 年版。

30. 《龙泉文史资料第二辑》，中国人民政治协商会议浙江省龙泉县委员会文史资料工作委员会 1985 年编选资料。

31. 《龙泉文史资料第五辑》，中国人民政治协商会议浙江省龙泉县委员会文史资料工作委员会 1986 年编选资料。

32. 《龙泉文史资料第十辑（龙泉县民国时期大事记专辑）》，中国人民政治协商会议浙江省龙泉县委员会文史资料工作委员会 1990 年编选资料。

33. 《龙泉文史资料第十二辑》，中国人民政治协商会议浙江省龙泉市委员会文史资料工作委员会 1992 年编选资料。

34. 《龙泉文史资料第十八辑（龙泉历代名人）》，政协龙泉市文史委员会 2000 年编选资料。

35. 《龙泉文史资料第二十五辑（龙泉青瓷复兴之路）》，龙泉市政协文史资料委员会 2012 年编选资料。

36. 冯骥才等主编：《传承人口述史方法论研究》，华文出版社 2016 年版。

37. 定宜庄等主编：《口述史读本》，北京大学出版社 2011 年版。

38. 李向平、魏扬波：《口述史研究方法》，上海人民出版社 2010 年版。

39. 沈燕红、胡修远：《浙东区域非遗传承人口述史研究——以海港北仑区为例》，浙江大学出版社 2021 年版。

40. 陈旭清：《口述史研究的理论与实践》，中国社会出版社 2010 年版。

41. 汤一介：《我们三代人》，中国大百科全书出版社 2015 年版。

后记

中国的英文名叫 China，在外国人眼里，中国是一个瓷的国度。中国有这么多可以代表这个国家的文化符号，可外国人却偏偏选中了瓷，想来他们应该是惊叹于一抔土何以在一双妙手的勾勒之下，在水与火的溶与炼之中，形成各式各样兼具美观与实用的器皿。这份神秘感定使他们生出了无限的向往和想象。

自源起之时，咱们民族的成长过程就是向自然学习的过程。《礼记·郊特牲》曰："天垂象，圣人则之。"伏羲画卦、仓颉造字，文明源于自然；天文历算、工程营造，科技源于自然；甚至百家思想、百工技艺，无一不是根植于自然。青色，既是天空中那一抹神秘的蓝色，也是草间那一抹鲜嫩的绿色，给人以无尽的想象空间，古人赋予它神秘、坚强、希望和庄重等吉祥寓意。《释名·释采帛》云："青，生也，象物生时色也。"它是东方的颜色，象征着勃勃生机。

龙泉青瓷创烧于三国两晋时期，是中国最早烧制瓷器的窑口之一，在宋元时期达到巅峰，随着海上丝绸之路大量地远销世界各地，明清以后，因为皇室贵族的审美变化等原因而逐渐衰落。一直有"青如天，明如镜，声如磬"之美誉。

小时候总觉得龙泉距离遥远，应该是一座很大很大的千年古城，龙泉青瓷、龙泉宝剑都是历史长河中非常耀眼的名词。对于外乡人，尤其是我们这样的爱陶者，龙泉就像是一个桃花源，那一抹青色于我们而言始终是神秘的。青瓷的根在哪里？或许是在大窑、溪口层层叠叠的古瓷片中，或许是在宝溪洁白细腻似膏腴的瓷土中，或许是在龙泉溪清澈见底的溪流中，又或许是在凤阳山的谷底云端，没有固定答案。而这千年不息的窑火，这代代传承的青瓷烧制技艺，还有这一代代为传承和复兴龙泉青瓷而辛劳付出的传承人、手艺人，却又真切地告诉我们，青瓷的根就在这儿，就在这群可爱的"青瓷人"身上。

本书为2019年度浙江省哲学社会科学规划课题"龙泉青瓷传承人口述研究"（19NDJC091YB）成果专著。课题申报之时，课题组收集了大量关于龙泉青瓷、非遗传承人、口述史的文献资料，申报方向也由最初粗略的龙泉青瓷，细化至非遗传承人角度，并最终确定为口述史体裁。

口述史作为一种通过口述形式保存某一特定时期某一行业第一手原始资料的历史记录方式，在近现代龙泉窑复兴与传承的历史大背景下被用来记录和保留代表性龙泉青瓷非遗传承人的独特记忆，是十分妥帖且必要的。课题申报成功之后，我们便开始收集各类相关文献资料、开展田野调查、持续跟进采访多位代表性非遗传承人并编写书稿，费时两年有余。

本课题的研究开展，得到了各方面的关爱、支持和帮助。首先感谢丽水学院张建平教授对本课题的持续关注、指导和无私帮助。还要感谢龙泉青瓷首位国家级非物质文化遗产代表性传承人徐朝兴大师及其家人浙江省工艺美术大师徐凌老师、竺娜亚老师，以及竺娜亚老师的弟弟竺聪林先生，"李生和"第五代传人、高级工艺美术师李震先生，浙江省工艺美术大师王武先生，感谢诸位大师能够在百忙之中接受我们的多次采访，并给我们提供了诸多便利。最后，还要感谢协助我们完成采访的丽水职业技术学院图书馆馆长杨勇春老师，丽水职业技术学院林业 1510 班校友王丹等人，以及在书稿校对阶段承担部分校稿任务的丽水职业技术学院的季建华、陈阳广、童瑶、章琪琪和丽水学院的王颖、翁雅琦、梅晶等几位老师和同学。

本书在撰写过程当中，参考并汲取了前辈、时贤的许多文献资料、研究成果，在此一并致谢。

由于我们学识有限，功力不足，书中可能还会存在一些错漏之处，恳请专家和读者批评指正。

2022 年秋